U0001462

Every Table

幸福的日日餐桌

柳川香織

我以前是全職醫生，每天忙得暈頭轉向，生活非常不規律，經常在外面吃飯，直到生了孩子才決定開始攝取安全又對身體好的食物，這個心情改變我對飲食的概念，進而開始自己做飯。

我喜歡獨自安靜度過早晨的時光，所以每天都比家人早起。開始學會這樣過日子也是因為生了小孩。早起的契機是如今已記不得的雞毛蒜皮小事，當我反應過來，已經邊養育兩個小孩邊把每天做的菜上傳到部落格和 Instagram。這本書記錄了我們家每天的餐桌。

事實上，不可能每天都朝氣蓬勃，有時候會不想努力，有時候也會沒有胃口。但是正因為如此，才希望餐桌上至少能有一道家人愛吃的菜色，不見得一定要是費時費工的料理，但只要有一道家人愛吃的菜，坐在餐桌前的心情就會不一樣。

舉凡買到愛吃的麵包、想用新餐具、院子裡的花開了、做出比平常更好吃的菜色……只要每天的生活裡發生一點特別開心或快樂的事，就能呈現在餐桌上。如此一來，或許各位讀者也會覺得每天的餐桌有一點點與眾不同了。

柳川香織

Contents

自序…2
我們家的習慣…10

Part 1

Morning Table

每天早上的餐桌

Morning Table 1

剛烤好的美式比司吉 …**15**

美式比司吉的作法 …16

Morning Table 2

地位屹立不搖的鬆餅早餐 …**19**

充滿蛋香味的鬆餅作法 …20

Morning Table 3

甜煎蛋加鮭魚茶泡飯 …**23**

甜煎蛋的作法 …24

半熟太陽蛋的作法 …25

Morning Table 4

自由發揮的
太陽蛋配飯 …**27**

Morning Table 5

自製燕麥棒讓早上充滿能量 …**29**

自製燕麥棒的作法 …30

Morning Table 6

用醃漬起來放的食材
做成簡單的開放式三明治 …**33**

Morning Table 7

迷你飯糰加醃漬柳葉魚的早餐 …**35**

Morning Table 8

賞心悅目的開放式水果三明治 …**37**

Morning Table 9

把吃剩的咖哩變成烤咖哩 …**39**

奶油吐司的作法 …40

Have a lovely Morning !

Morning Table 10

不輸給飯店的蛋捲早餐 …**43**

原味蛋捲的作法 …44

微波爐炒蛋的作法 …45

Morning Table 11

滑蛋三明治與香蕉三明治 …**47**

Morning Table 12

夏天尾聲的熱呼呼豆皮麵線 …**49**

Morning Table 13

南瓜濃湯與料多味美的沙拉盤 …**51**

Morning Table 14

加料加得不亦樂乎的
綿密雞粥 …**53**

香滑稀飯的作法 …54

Morning Table 15

外頭酥脆
＆裡面鬆軟的法式土司 …**57**

法式土司的作法…58

Morning Table 16

海帶芽拌飯定食的風味
令人安心 …**61**

Morning Table 17

料多味美的奶油濃湯
是寒冷早晨的主角 …**63**

COLUMN

廚房裡隨時都要有的東西 …**64**

Part 2

Dinner Table

每天晚上的餐桌

Dinner Table 1

番茄牛肉燴飯 …69

Dinner Table 2

滿桌竹筍的春日美食 …71

Dinner Table 3

炸得金黃酥脆的泡菜豬肉
與鰤魚生魚片 …75

Dinner Table 4

讚不絕口的奶油培根蛋黃
義大利麵 …77

Dinner Table 5

滿是蔬菜的烤肉沙拉
與煎車麩 …79

Dinner Table 6

在夏天飽餐一頓
炸玉米粒和麵線 …83

Dinner Table 7

清涼消暑的檸檬烤鮭魚 …83

Dinner Table 8

酥脆多汁的鹽炸雞
在食譜網站上也很受歡迎 …87

Dinner Table 9

不用炸的肉丸子簡單又健康 …91

Dinner Table 10

全家人都很愛吃的雞肉咖哩 …93

Dinner Table 11

秋刀魚、茄子、香菇……
充滿當季食材的秋季大餐 …97

Dinner Table 12

蔬菜份量十足的韓式拌飯 …101

Dinner Table 13

軟綿綿、熱騰騰的焗烤蝦 …103

Dinner Table 14

豬肉萵苣豆漿涮涮鍋 …105

Dinner Table 15

番茄燉雞 …107

Dinner Table 16

今天是香辣美乃滋鱈魚佐蝦丸 …111

Dinner Table 17

用豬五花高麗菜捲
來犒賞自己一下 …115

COLUMN
作者心愛的碗盤 …116

Part 3

Cooked in Advance

一年到頭都能做起來放

只要做起來放 …120

做起來放的蔬菜

蜂蜜泡菜 …122
紫甘藍沙拉 …123
醃泡烤甜椒 …124
蜂蜜生薑醃小番茄 …124
翡翠茄子 …125
南瓜湯的醬 …126
鹽奶油南瓜 …127
金平南瓜 …127
鹽抓紅蘿蔔 …128
金平牛蒡紅蘿蔔絲 …129
韓式涼拌紅蘿蔔絲 …129
韓式涼拌鹽昆布青椒 …130
韓式涼拌豆芽菜 …130
黃芥末蓮藕火腿 …131
高湯煮蘿蔔 …132
鱈魚子拌百合根 …132
黃芥末醃漬烤香菇 …133
淺漬爽口泡菜 …133
自製滑菇 …134
醬油漬脆梅 …135
醬油漬西洋芹 …135
油漬半風乾番茄 …136
油漬紫蘇 …136

生薑糖漿 …137
生薑味噌 …137
生薑柴魚片香鬆 …137

做起來放的肉、魚、蛋

油漬雞胸肉 …138
微波爐蒸雞肉 …139
剝散的烤鮭魚 …139
醬油漬蛋黃 …140
滷豆皮 …140

做起來放的海藻

佃煮海苔 …141
羊栖菜和黃豆的沙拉 …141

做起來放的抹醬或甜點

奶油霜 …142
簡單的巧克力醬 …142
起司醬 …143
帶顆粒的草莓醬 …143
蜂蜜堅果 …144
杏仁糖 …144
味噌核桃 …144
澀皮煮栗子 …145
紅茶漬葡萄乾 …145

Every Table成書的歷程 …146

Stock

我們家的習慣

平常的配菜只要稍微多花點工夫，就能為每天的餐桌製造變化。
以下為各位介紹我的小習慣。

Rule 1

只有一道菜認真做，
其他都是做起來放的菜！

幾乎每天都只認真做好一道主菜，再來就只
是放上平常做好的菜或簡單的配菜。有時候
的早餐甚至都是做起來放的菜。如果要帶便
當也只是把做起來放的菜塞進便當盒即可。
基本上，我是個嫌麻煩的人，盡可能在不勉
強的範圍內做每件事。要是心情不保持輕鬆，
飯也不好吃！

Rule 2

作法及調味都力求簡單，
只在預先調味多下點工夫

預先調味是做菜時最重要的程序。經過預先
調味，即使烹調時的調味比較馬虎，味道也
不會跑掉；即使是簡單的調味，也能得到滿
意的味道，還能讓肉質變軟、消除魚腥味。
不妨提醒自己，味道淡一點反而能充分地感
受到食材（尤其是蔬菜）的風味。能自然地
簡化做菜程序這點也很吸引人。

Rule 3

選擇家人愛吃的菜色

料理會因為一起吃飯的人而異。我是為家人做菜，所以在決定菜單的時候會選擇大人小孩都愛吃的菜色。孩子們接下來正值胃口大開的青春期，今後或許會增加份量十足、能吃飽的菜色也說不定。

Rule 4

隨時為餐桌增添花草或綠意

院子裡種了好幾種香草，除了香草以外，還有熱愛養花蒔草的女兒種的花。不只可以用來做菜，還能裝飾餐桌。沒有特別的花瓶也沒關係，只要插 1～2 朵花在空瓶或餐具裡，就能改變餐桌上的氣氛。收到花的時候，也可以拿一些來裝飾。重點在於要不著痕跡地擺在餐桌上。

關於這本書的內容

- 本書的食譜中，1小匙為 5ml、1大匙為 15ml、1杯為 200ml。
- 除非有特別標示，否則作法中的火候皆為中火。
- 作者使用的是 600瓦的微波爐，如果是 500瓦的微波爐，請將時間設定為 1.2倍。
- 請使用鐵氟龍樹脂加工的平底鍋。
- 本書的食譜所使用的鹽為粗鹽，砂糖為蔗糖。味道會因產品而異，請依個人口味調整。
- 除非有特別標示，否則蔬菜指的都是已經洗好、削皮之後的步驟。
- 做起來放的菜色會標上 🥫 的符號。
- 做起來放的菜色所標示的保存期限頂多只能做為參考，會依季節及保存狀態而異，請視情況及早食用。

Part 1

—

Morning Table

每天早上的餐桌

早上盡量簡單，
以能迅速地在桌上擺出做起來放的菜或優格、麵包、起司為主。
不過一定要在食物裡貫注讓家人吃到充滿活力的早餐，
再送他們出門的心意。

剛烤好的美式比司吉

[只要擺上桌！]　簡單的巧克力醬／酸奶與楓糖漿／
　　　　　　　　　在優格裡加入帶顆粒的草莓醬

[早上做的食物]　美式比司吉／綠色蔬果昔

Recipe

綠色蔬果昔（2人份）

1. 小松菜（1棵）和蘋果（1/2顆）稍微切一下，香蕉（1根）切成圓片。
2. 1和水（100～150ml）倒入果汁機，打成泥。果汁機打不太動蘋果，所以請放在最上面（離刀片遠一點）。水量視個人喜好，調整成容易入口的濃度。

酸奶與楓糖漿
與美式比司吉十分對味。

You can CHOOSE !

FRESH

fruits

美式比司吉
→ 作法見 p.16

簡單的巧克力醬
→ 作法見 p.142

在優格裡加入帶顆粒的草莓醬
→ 作法見 p.143

[🗨 Blog Comment ｜ @小王子 ・　比司吉很快就能烤好，而且非常好吃！！！兒子
　　　　　　　　　　　　　　　一口氣吃了3個！

美式比司吉的作法

早餐是紐約咖啡館風格的比司吉，不用發酵，非常
簡單！可以品嚐到有如司康般酥脆的口感，幾乎不
甜，可以淋上楓糖漿來吃。除此之外，和酸奶或奶
油起司、巧克力醬、果醬、蜂蜜也都十分對味。也
可以當成麵包和沙拉一起吃。

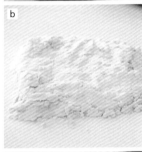

■ **材料**（7cm 的甜甜圈模型 6 個份）

高筋麵粉、低筋麵粉　各 100g
泡打粉　10g
砂糖　15g
鹽　2g
奶油（無添加食鹽）　40g
牛奶　90 ～ 100ml

■ **前置作業**

· 烤箱預熱到 210 度。
· 材料需全面秤重，奶油切成小丁，放進冰箱備用。

■ **作法**

1. 高筋麵粉、低筋麵粉、泡打粉、砂糖、鹽放進調理
   碗，稍微攪拌一下，加入切成小丁的奶油，邊用指尖
   捏碎奶油，攪拌到不再有明顯顆粒的鬆散狀為止。再
   加入牛奶，用刮刀稍微攪拌一下。a

2. 攪拌均勻後倒在調理台上（還帶點粉狀也沒關係），把
   麵糊揉成一團，撇開成長方形，對折。b

3. 重複撇開麵團再對折的作業約 10 次，對折的時候可
   以將散落的材料放在麵團上折進去，如果感覺快要黏
   住，可以撒一點麵粉在調理台上。c

4. 在甜甜圈的模型（或者是兩個大小不同的圓形模型）
   裡撒些麵粉，把 3 撇成 1.5cm 厚，用模型切割。剩下
   的麵團揉成一團，再用模型切割，以此類推，切成差
   不多的大小。d
   切割過的麵團要再用模型漂亮地切開有點難，也可以
   揉成一團就好。

5. 排在鋪有烘焙紙的烤盤上，用刷子在表面塗上一層薄
   薄的牛奶（份量另計）。放進預熱至 210 度的烤箱烤
   12 ～ 15 分鐘，烤到呈現淡淡的金黃色即可。

POINT

　　麵團不要揉得太過頭，才能做出漂亮的「層次」。只要
比照做派皮的感覺來折，就能順利搞定。圓形的模型可
以用杯子代替。只要切面夠乾淨，就能呈現出漂亮的層
次。也可以用菜刀切成三角形。

Morning Table 2

地位屹立不搖的鬆餅早餐

[只要擺上桌！]　楓糖漿／茶／咖啡
[早上做的食物]　充滿蛋香味的鬆餅

Have a lovely Morning !

楓糖漿

tea

flower

摘下院子裡的洋甘菊。

coffee

充滿蛋香味的鬆餅
→ 作法見 p.20

Cute!

fruits

草莓、藍莓佐起司醬
→ 作法見 p.143

烤出來的顏色非常漂亮，真的很好吃喔！
最近不常做，所以非常想做！！

充滿蛋香味的鬆餅作法

鬆餅只需要簡單的材料，靠比例就能讓口感或
味道產生變化，請努力調配出濕潤扎實，又能
留下蛋香味的比例。可以加上配料來吃，也能
光靠奶油和楓糖漿營造出簡單爽口的風味。我
們家的孩子喜歡淋上大量的糖漿，讓糖漿充分
滲透到鬆餅裡來吃。

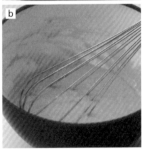

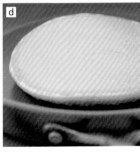

■ 材料（約 5 片）

A 低筋麵粉 160g、泡打粉 7g
蛋　2 顆
砂糖　30g
鹽　少許
牛奶　90 ～ 100ml（和蛋混合後要變成 200g）
融化的奶油（或者是沙拉油）　15g

■ 作法

1. 將 A 混合過篩，倒進調理碗中，加入砂糖、鹽，用打蛋器攪拌均勻。
2. 把蛋和牛奶混合攪拌均勻，加到 1 中央的凹槽，與 1 的粉攪拌均勻。a
3. 加入融化的奶油（或者是沙拉油）攪拌均勻。b
4. 開火，確實加熱平底鍋，先移到濕抹布上再放回爐子上，轉小火，用大湯匙舀起一瓢麵糊，舉高，注入平底鍋，蓋上鍋蓋，用稍微大一點的小火烤 3 ～ 4 分鐘。c
5. 烤成漂亮的金黃色後，翻面，繼續烤 1 分鐘。d

POINT

麵團不要揉得太過頭，才能做出漂亮的「層次」。只要比照做派皮的感覺來折，就能順利搞定。圓形的模型可以用杯子代替。只要切面夠乾淨，就能呈現出漂亮的層次。也可以用菜刀切成三角形。

甜煎蛋加鮭魚茶泡飯

[只要擺上桌!]　醬油漬脆梅／淺漬蘿蔔／水煮蠶豆／美國櫻桃和香蕉／
　　　　　　　　剝散的烤鮭魚配白飯

[早上做的食物]　甜煎蛋／萵苣捲雞胸肉佐沙拉醬

Recipe
淺漬蘿蔔 🚗

將醬油漬脆梅 🚗（→ 作法見 p.135）
的湯汁（適量）淋在切成扇形的
蘿蔔上醃漬。

醬油漬脆梅 🚗
→ 作法見 p.135

Recipe
萵苣捲雞胸肉佐沙拉醬

1. 萵苣切成 4 等分，塗上少許美乃滋，放上切成長條
   形的油漬雞胸肉 🚗（→作法見 p.138）捲起來，再用保
   鮮膜包起來，靜置使其入味。
2. 切開盛盤。視個人口味以 1：1：1 的比例將沾麵
   醬（請選用 3 倍濃縮）、橙醋、麻油攪拌均勻，做
   成沙拉醬淋上去。

香蕉

fruits

美國櫻桃

STOCK

甜煎蛋
→ 作法見 p.24

mmm...!

水煮蠶豆

Recipe
鮭魚茶泡飯

把剝散的烤鮭魚 🚗（→作法見 p.139）放在白
飯上，注入喜歡的茶或用熱開水稀釋的白
高湯，再依個人口味放上檸檬。

好久沒做甜煎蛋了，味道還是那麼棒。
以前都買市面上的瓶裝鮭魚鬆，這次想
自己做做看～(o^^o)

💬 Blog Comment ｜ @mayumama　◆

甜煎蛋的作法

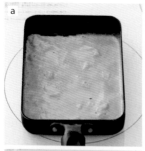

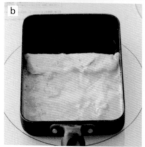

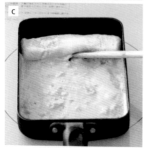

■ **材料（2 人份）**

蛋　2 顆
味醂　1 大匙
砂糖　1 小匙
鹽　1 小撮
沙拉油　適量

■ **作法**

1. 蛋仔細地打散，加入味醂、砂糖、鹽，視情況再加入 1 大匙水，攪拌均勻。加水可以讓煎蛋變得鬆鬆軟軟，不加水則呈現出扎實的口感。
2. 預熱煎蛋器，薄薄地抹上一層沙拉油，倒入蛋汁時如果發出滋滋聲，就可以倒入一半的蛋汁。[a]
3. 稍微攪拌一下，用做菜的長筷子攪散開始凝固的部分，移動煎蛋器，讓蛋汁均勻流到各個角落，把蛋煎熟。
4. 煎到半熟後，從離自己比較遠的地方往內折 1～2 公分，把蛋捲起來。[b]
5. 讓蛋滑到煎蛋器的另一邊，薄薄地抹上一層沙拉油，倒入剩下的蛋汁。用長筷子抬起已經煎好的蛋，讓蛋汁流入下方。[c]
6. 比照 3 的方式煎，從離自己比較遠的地方往自己的方向捲起來，利用煎蛋器的側面塑形。[d]

＼ **完成！** ／

我們家的煎蛋不是「高湯蛋捲」，而是加入砂糖的鬆軟甜煎蛋。只要前一天做好，第二天還可以帶便當！

半熟太陽蛋的作法

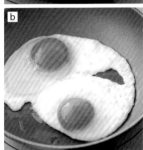

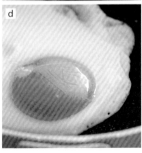

■ **材料（2 人份）**

蛋　2顆
沙拉油　適量

■ **作法**

1. 確實預熱平底鍋，倒入沙拉油，直接把蛋打進平底鍋裡。ⓐ
2. 第 2 顆蛋也直接打進平底鍋，煎到蛋白凝固，轉小火，仔細煎熟。ⓑ
3. 倘若表面的蛋白遲不凝固，可以蓋上鍋蓋用燜的。ⓒ
4. 煎到蛋白表面凝固即大功告成。ⓓ

POINT

隔一段時間再蓋上鍋蓋，可以避免蛋黃表面變白。蓋上鍋蓋太久也會變白，所以請觀察火候，視個人喜好進行調整。

＼ **完成！** ／

我吃太陽蛋喜歡沾醬油，所以就算是麵包配太陽蛋的日子，也會附上醬油。麵包沾著蛋黃吃也很美味。

Morning Table 4

自由發揮的太陽蛋配飯

[只要擺上桌！]　醬油漬西洋芹／油漬半風乾番茄／油漬紫蘇／
　　　　　　　　　帕馬森起司／茶

[早上做的食物]　太陽蛋配飯

油漬紫蘇 🗎
→ 作法見 p.136

帕馬森起司
事先磨碎的話使用起來很方便！

醬油漬西洋芹 🗎
→ 作法見 p.135

flower

You can
CHOOSE!

tea

摘下院子裡的洋甘菊。

油漬半風乾番茄 🗎
→ 作法見 p.136

Recipe
太陽蛋配飯
把半熟太陽蛋（→ 作法見 p.25）放在白飯上，
再加上喜歡的配料來吃。

[🔍 Blog Comment ｜ @ayaka]　◆　光一個太陽蛋也有各式各樣的吃法，可以享受到各
種變化，我喜歡沾醬汁來吃，老公喜歡沾醬油～

Morning Table 5

自製燕麥棒讓早上充滿能量

[只要擺上桌！]　自製燕麥棒佐優格＆水果／甜甜圈／蜂蜜／生薑糖漿

Sweet

蜂蜜

自製燕麥棒佐優格 & 水果
→ 作法見 p.30

TOPPiNG

flower

甜甜圈
甜甜的早餐偶一為之也不錯！

生薑糖漿
→ 作法見 p.137

[🔍 Blog Comment ｜ @惠 ◆ 　沒想到在家裡可以這麼輕鬆地做出燕麥棒！直接吃
也很好吃，所以一下子就吃光了。

自製燕麥棒的作法

麥片先烤過一遍，香味會更迷人。有時候可
以加入楓糖漿，有時候可以混入水果乾。還
可以把砂糖增加到 40g，再加入 5g 抹茶粉，
做成「抹茶燕麥棒」。或是把砂糖增加到
40g，再加入 10g 可可粉，做成「巧克力燕
麥棒」也很好吃喔。

■ **材料**（容易製作的份量）

麥片　100g
低筋麵粉、蔗糖　各 30g
喜歡的堅果或種籽（這次是核桃和南瓜子）　50g
葡萄籽油（或者是沙拉油等等）　2 大匙
水（或者是牛奶或豆漿皆可）　1 大匙
楓糖漿　1 大匙

■ **前置作業**

· 烤箱預熱到 150 度。
· 太大塊的堅果要用手剝開備用。

■ **作法**

1. 將麥片、低筋麵粉、蔗糖倒進調理碗拌勻，再加入葡萄籽油，充分攪拌均勻。用手攪拌的話會比較好處理。a
2. 排在鋪有烘焙紙的烤盤上，放進預熱至 150 度的烤箱烤 15 分鐘。b
3. 取出倒回調理碗中，加水，用筷子或手撥鬆，攪拌均勻。加入楓糖漿，繼續攪拌均勻，再加入堅果。c
4. 再次排在鋪有烘焙紙的烤盤上，放進預熱至 150 度的烤箱烤 15 分鐘後取出，直接放在烤盤上放涼。d
5. 裝進保鮮盒保存。吃的時候可以淋上牛奶或加到優格裡。

POINT

一開始不要加水直接烤，就可以烤得香氣四溢。美味的祕訣在於加入楓糖漿時，可以攪拌到還有一點點結塊。放在陰涼處可以保存 1 週左右。

Morning Table 6

用醃漬起來放的食材做成簡單的開放式三明治

[只要擺上桌！]　　冷凍香蕉藍莓優格佐生薑糖漿

[早上做的食物]　　奶油起司烤甜椒的開放式三明治／帶皮的南瓜濃湯

Recipe
奶油起司烤甜椒的開放式三明治
把切成小丁的醃泡烤甜椒 🥫（→ 作法見 p.124）和奶油起司放在長棍麵包上，撒些黑胡椒。

How to Cook ?!

cheese

bread

YUM

冷凍香蕉藍莓優格佐生薑糖漿 🥫
將香蕉切成圓片，冷凍備用很方便！
→ 作法見 p.137

Recipe
帶皮的南瓜濃湯
在南瓜湯的醬 🥫（→ 作法見 p.126）裡加入牛奶，加熱，邊試味道邊加點鹽調味。倒進杯子裡，撒上麵包丁、黑胡椒、蜂蜜來享用。

💬 Blog Comment　│　@椰子　◆　我很喜歡南瓜湯的醬，因為只要一下子就能做出南瓜濃湯。早上喝碗湯，感覺好滿足。

Morning Table 7

迷你飯糰加醃漬柳葉魚的早餐

[只要擺上桌！]　橙醋醃柳葉魚／蜂蜜生薑醃小番茄／蜂蜜泡菜／冰綠茶

[早上做的食物]　鮭魚飯糰／鹽抓小黃瓜 &綠花椰菜

蜂蜜生薑醃小番茄 🏷
→ 作法見 p.124

蜂蜜泡菜 🏷
→ 作法見 p.122

Recipe

鮭魚飯糰

手沾點水，抹上少許鹽，把飯捏成小一號的圓形飯糰，再放上撥散的烤鮭魚 🏷（→ 作法見 p.139），撒些炒過的白芝麻。

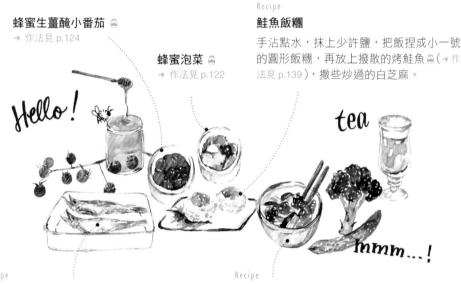

Recipe

橙醋醃柳葉魚（2人份）

1. 紫色洋蔥（1/2 個）切成薄片（可以的話請用削皮刀削成薄片），蘘荷（2 個）垂直對半切開，再斜切成薄片，兩者都要先泡水備用。
2. 徹底瀝乾 1 的水氣，加入橙醋（2 大匙）和水（1 大匙）攪拌均勻，靜置 10 分鐘，使其出水。
3. 用烤魚器烤柳葉魚（8 尾），裝進保鮮盒，淋上 2，放進冰箱靜置 1 小時～1晚。拿出來盛盤，撒上蔥花。

Recipe

鹽抓小黃瓜 &綠花椰菜（2人份）

1. 小黃瓜（1 條）撒點鹽，在砧板上滾一滾，沖水洗淨，以撖麵棍等工具敲出裂縫，用手撕成一口大小，再用廚房專用紙巾徹底擦乾水分。加入少許鹽的熱水汆燙綠花椰菜（1/2 棵），不要燙得太軟。
2. 用同等份量的熱水溶解雞湯粉（1/2 小匙），與鹽（1/4 小匙）、麻油（1 大匙）攪拌均勻。
3. 把 2 分成兩半，各自與炒過的白芝麻（1小匙）淋在小黃瓜和綠花椰菜上。

[🔍 Blog Comment ｜ @ohana　　•　趁著晚餐的配菜是柳葉魚時多烤一點，做成醃漬柳葉魚，清淡爽口的滋味好好吃！]

Morning Table 8

賞心悅目的開放式水果三明治

[只要擺上桌！]　咖啡凍／蜂蜜

[早上做的食物]　開放式水果三明治（半風乾番茄 &水果番茄／芒果 &蘋果）

蜂蜜

Cute !

fruits

green

院子裡的薄荷
開出美麗的花！

Recipe

開放式水果三明治（2人份）

1. 芒果、蘋果、水果番茄（各適量）切片，放在廚房專用紙巾上，吸乾水分。如果用的是油漬半風乾番茄 🥫（適量 → 作法見 p.136），請放在廚房專用紙巾上，吸去多餘的油。
2. 為土司（一條切成 8 片的土司或三明治專用的土司 2 片）塗上厚厚一層起司醬 🥫（適量 → 作法見 p.143），一片鋪滿芒果和蘋果，另一片鋪滿水果番茄和半風乾番茄。這時請放得稍微超出土司的邊緣。
3. 切掉四邊，再切成便於食用的大小，放上細葉香芹或薄荷（各適量）做裝飾。

Recipe

咖啡凍 🥫（容易製作的份量・4人份）

1. 把洋菜（5g）、砂糖（20～30g）、即溶咖啡（4g）倒進鍋子裡，充分攪拌均勻。
2. 一點一點地注入水（300ml），攪拌到不再有結塊的情況。
3. 開火加熱鍋子裡的材料，邊用刮刀從鍋底攪拌。沸騰後關火，裝進保鮮盒，撈掉表面的泡沫，放涼後再放進冰箱裡冷藏。
4. 用湯匙隨興地舀出來放進杯子裡，依個人口味淋上牛奶。如果想吃得甜一點，也可以在牛奶裡加入煉乳。

Morning Table 9

把吃剩的咖哩變成烤咖哩

[只要擺上桌！]　　奶油土司／藍莓優格／杏仁糖

[早上做的食物]　　烤咖哩／西瓜汁／生菜沙拉

奶油土司
→ 作法見 p.40

Recipe
西瓜汁
用果汁機把削皮去籽的西瓜打成汁，視個人口味加入少許的檸檬汁。

Love it !

杏仁糖 ☖
→ 作法見 p.144

藍莓優格

Recipe
生菜沙拉
沾把撕成一口大小的羅蔓萵苣、事先燙好的甜豌豆莢裝在盤子裡，淋上喜歡的沙拉醬。

Recipe
烤咖哩
將咖哩 ☖（→ 作法見 p.94）倒進耐熱容器裡，均勻地淋上少許牛奶，撒上起司絲，用小烤箱烤 5 分鐘。

Q Blog Comment　│　@由宇　●　只要學會這一招，就能把吃剩的咖哩變成人間美味。也很適合當早午餐吃！！

奶油吐司的作法

奶油吐司是劃開吐司的頂端,放上奶油下去烤
的麵包。建議使用烤箱的發酵功能或和裝了熱
水的杯子一起放進關掉電源的烤箱。即使放在
室溫下,也只要1小時就能膨脹成兩倍大。我
通常都放在冰箱的蔬果室裡,以低溫發酵的方
式進行一次發酵。只要前一天晚上先把麵團揉
好,第二天早上再繼續做就行了。

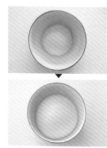

■ **材料**（18×9×6cm 的磅蛋糕模型 1 個）

高筋麵粉　200g

A ┌ 脫脂牛奶　7g
　│ 砂糖　15g
　└ 乾酵母　4g

B ┌ 鹽　4g
　│ * 奶油（無添加食鹽）　15g
　└ * 起酥油　5g

　　* 亦可改用不使用起酥油的奶油　20g

奶油　5g

■ **作法**

1. 在調理碗裡倒入一半的高筋麵粉和 A，加入 120～130g 加熱到人體皮膚溫度的水，用刮刀攪拌到具有黏性。[a]

2. 再加入剩下的高筋麵粉和 B 拌勻，把麵糊揉成一團，放到調理台上，用掌心靠近手肘的部分按壓在台子上，或是拿起來摔，揉捏 5～10 分鐘。[b]

3. 揉到表面光滑，不再沾手後，再揉成一團，放進調理碗，緊緊地包上保鮮膜，放在溫暖的地方，直到變成兩倍大（一次發酵）。

4. 膨脹到兩倍大之後，用沾上麵粉的手指戳戳看，只要不再回彈，就表示已經發酵完畢。放到調理台上，用掌心從中心往外側按壓，把空氣推出去。分成 5 等分，各自揉成圓形，蓋上濕布，靜置 10 分鐘（中場休息時間）。[c]

5. 把 4 重新揉成橢圓形，並排放入事先塗上薄薄一層奶油（份量另計）的磅蛋糕模型裡，放在溫暖的地方 30～40 分鐘，進行二次發酵。

6. 等到麵團膨脹到比模型的高度稍微再低一點，用做菜專用剪刀垂直地在頂端劃開一條線，放上切成棒狀的奶油。[d]

7. 用預熱至 190 度的烤箱烤 10～12 分鐘，從模型裡倒出來，放在網架上放涼。

不輸給飯店的蛋捲早餐

[只要擺上桌！]　奶油吐司／奶油

[早上做的食物]　蛋捲／生薑檸檬梨子蔬果昔／生菜沙拉

Bon Appétit !

奶油吐司
→ 作法見 p.40

奶油

TRY !

YUM

green

Recipe

生薑檸檬梨子蔬果昔（2人份）

1. 梨子（1 個）削皮去籽，切大塊。生薑（6g）切成薄片，檸檬（1/4 個）擠汁備用。

2. 將 1、水（1 杯）或冰塊（200g）、蜂蜜（2 小匙）全都丟進果汁機打成蔬果昔。

Recipe

生菜沙拉

把羅蔓萵苣和嫩生菜撕成一口大小，淋上喜歡的沙拉醬。

Recipe

淋上蕈菇青醬的蛋捲（2人份）

1. 預熱平底鍋，融化奶油（5g），拌炒切除蒂頭、撕成小撮的鴻喜菇（1/2 包）和切成薄片的杏鮑菇（1 根）。加入酒（1 大匙）和醬油（1/2 小匙）拌炒，再加入鮮奶油（100ml），稍微煮到水分收乾。如有必要再以鹽巴調味。

2. 把 1 的醬汁淋在蛋捲（ → 作法見 p.44），上來吃。

Q Blog Comment　|　@itocco　•

好羨慕這種賞心悅目的蛋捲……或許是火太小了，我做的總是無法定形，每次都變得黏呼呼。我決定效法老師的作法再挑戰一次。

原味蛋捲的作法

■ **材料**（**1 盤份**）

蛋　2 顆
牛奶　2 大匙
鹽　少許
奶油　5 ～ 10g

■ **作法**

1. 打蛋，徹底地打到不再有筋。加入牛奶、鹽，攪拌
   均勻。過篩的話可以做得更完美。
2. 預熱平底鍋，放入奶油，倒進少許蛋汁，確實地加
   熱到發出滋滋聲。[a]
3. 倒入所有的蛋汁，迅速地攪拌均勻，一旦凝固就要
   慢慢地攪拌，讓蛋汁攤平。[b]
4. 等到蛋汁呈現半熟狀，轉小火，從靠近自己的地方
   往前捲起來。[c]
5. 將蛋包移到平底鍋的另一邊，利用平底鍋的弧度成
   形。[d]

POINT

若擔心盛盤時弄破，可以把盤子蓋在平底鍋上，倒過來盛
盤，再用廚房專用紙巾包起來，在盤子上調整形狀。

ARRANGE・自由自在地變換醬汁！

＊新鮮番茄醬汁
將切成小丁的番茄與番茄醬拌勻。

＊半風乾番茄的醬汁
油漬半風乾番茄（ → 作法見 p.136）連油一起倒入平底鍋，依
個人口味加入少許蒜末拌炒，用醬油或鹽、胡椒調味。

＼ 完成！ ／

火候是蛋捲的重點！一定要
確實地熱好平底鍋再倒入蛋
汁，就能做成表面凝固、中
間半熟的蛋捲。

微波爐炒蛋的作法

■ **材料**（**2** 人份）

蛋　2 顆
A ┌ 牛奶　2 大匙
　 └ 鹽　少許
起司絲　20g
切碎的荷蘭芹　適量

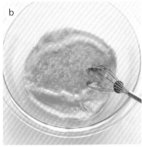

■ **作法**

1. 把蛋打在耐熱容器裡，充分打散，加入 A 攪拌均
　勻，再加入起司。a

2. 用微波爐加熱 1 分鐘，再用打蛋器攪拌均勻。b

3. 再放回微波爐加熱 40 秒，取出，用打蛋器充分攪
　拌均勻。c

POINT
要在蛋的中央尚未凝固的狀態就從微波爐裡拿出來，藉由
攪拌讓蛋汁變得濃稠。加熱時間會依使用的耐熱容器及微
波爐的種類而異，所以請適度微調。

＊如果用平底鍋做
預熱平底鍋，先移到濕抹布上，再轉小火，加入奶油（5g），
倒入蛋汁，用刮刀整個攪拌均勻，一面慢慢地加熱。
完成！
利用微波爐製作的早餐簡直是忙碌早晨的救星。只要加入
起司，就能輕鬆地做出滑嫩的炒蛋。d

＼ 完成！／

我吃太陽蛋喜歡沾醬油，所
以就算是麵包配太陽蛋的日
子，也會附上醬油。麵包沾
著蛋黃吃也很美味。

Morning Table 11

滑蛋三明治與香蕉三明治

[只要擺上桌!]　蜂蜜優格／麝香葡萄／棉花糖／咖啡和可可

[早上做的食物]　炒蛋三明治／起司醬香蕉三明治

coffee

∥ Yummy! ∥

咖啡和可可

CUTE!

flower

棉花糖

蜂蜜優格

麝香葡萄

fruits

Recipe
炒蛋三明治

為自己愛吃的麵包塗上奶油,夾入萵苣、
火腿、炒蛋(→作法見 p.45)

Recipe
起司醬香蕉三明治

為自己愛吃的麵包塗上起司醬 (→作法
見 p.143),夾入切成圓片的香蕉,或依
個人口味撒上可可粉。也可以把蜂蜜混
入奶油起司裡來代替起司醬。

Blog Comment　｜　@RUNE　◆　我最喜歡用微波爐加熱的炒蛋了!從一開始就很喜
歡,顯然也會愛上這種作法。這麼說或許有點誇張,
但這麼棒的點子真令人感動☆

夏天尾聲的熱呼呼豆皮麵線

[只要擺上桌！]　醬油漬西洋芹／海帶根／青蘋果凍／冰綠茶

[早上做的食物]　豆皮麵線／生薑味噌飯糰

青蘋果凍

前幾天用市售的果凍粉做的，
再擺上藍莓做裝飾。

Recipe
豆皮麵線

將沾麵醬和水倒進鍋子裡加熱，煮好麵線，裝進碗
裡，淋上醬汁，再依個人口味加入滷豆皮 (→ 作法見
p.140) 或蔥花、炒過的芝麻、醬油漬西洋芹 (→ 作
法見 p.135)

海帶根

淋上少許沾麵醬。

醬油漬西洋芹
→ 作法見 p.135

Recipe
生薑味噌飯糰

白飯捏成長條形，表面塗上生薑味噌
(→ 作法見 p.137)

Blog Comment ｜ @海鷗 ・　只要事先煮好豆皮即可，非常方便！大大地減輕了
我每天傍晚的壓力。

Morning Table 13

南瓜濃湯與料多味美的沙拉盤

[只要擺上桌！] 麵包／火腿／紫甘藍沙拉／自製的新鮮起司／
　　　　　　　油漬紫蘇／蜂蜜堅果

[早上做的食物] 南瓜濃湯／香菇沙拉

Wow!

火腿

bread

麵包

蜂蜜堅果 ▨
→ 作法見 p.144

cheese

Recipe

南瓜濃湯

切除鹽奶油南瓜▨（→ 作法見 p.127）的皮，和
牛奶一起用果汁機打成泥，加熱。份量以
100g 南瓜對 100 ～ 150ml 牛奶的比例來做。

紫甘藍沙拉 ▨
→ 作法見 p.123

油漬紫蘇 ▨
→ 作法見 p.136

Recipe

自製的新鮮起司 ▨（容易製作的份量）
事先做好就能馬上吃了。

1. 把牛奶（200ml）、鮮奶油（50ml）、檸檬汁（2 小
匙，約 1/4 個）、鹽（1 小撮）倒進小鍋子裡，開火。
2. 沸騰後轉小火再煮一下，煮到牛奶開始凝固、冒泡就
要從爐火上移開，倒進鋪著厚厚一層廚房專用紙巾的
濾杓裡，靜置 30 分鐘～ 1 小時。

Recipe

香菇沙拉
把黃芥末醃漬烤香菇▨（→ 作法見
p.133）擺在撕碎的萵苣上，再依
個人口味淋上沙拉醬或油漬紫蘇
▨（→ 作法見 p.136）

Blog Comment ｜ @Petit Bonheur ◆ 沒想到可以在自製的新鮮起司裡加入鮮奶
油！口感比只有牛奶要來得濃郁些，好吃
極了。

加料加得不亦樂乎的綿密雞粥

[只要擺上桌！] 醬油漬蛋黃／微波爐蒸雞肉／
用生薑味噌醃漬的紅蘿蔔和小黃瓜／生薑柴魚片香鬆

[早上做的食物] 雞粥

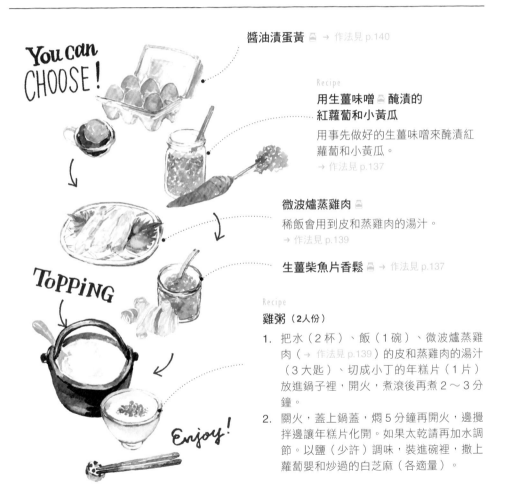

醬油漬蛋黃 ▣ → 作法見 p.140

You can CHOOSE！

Recipe

用生薑味噌 ▣ 醃漬的
紅蘿蔔和小黃瓜

用事先做好的生薑味噌來醃漬紅
蘿蔔和小黃瓜。
→ 作法見 p.137

微波爐蒸雞肉 ▣

稀飯會用到皮和蒸雞肉的湯汁。
→ 作法見 p.139

生薑柴魚片香鬆 ▣ → 作法見 p.137

Topping

Recipe

雞粥（2人份）

1. 把水（2杯）、飯（1碗）、微波爐蒸雞
   肉（→ 作法見 p.139）的皮和蒸雞肉的湯汁
   （3大匙）、切成小丁的年糕片（1片）
   放進鍋子裡，開火，煮滾後再煮 2～3 分
   鐘。

2. 關火，蓋上鍋蓋，燜 5 分鐘再開火，邊攪
   拌邊讓年糕片化開。如果太乾請再加水調
   節。以鹽（少許）調味，裝進碗裡，撒上
   蘿蔔嬰和炒過的白芝麻（各適量）。

Enjoy！

🔵 Blog Comment │ @文乃 ◆

在稀飯裡加入年糕，真是異想天開的創意。這麼一
來的確可以在短時間內完成濃稠的稀飯。寒冷的早
上來一碗肯定會很有精神。

香滑稀飯的作法

這是我們家冬天一定會吃的東西。由於是用煮好的飯製作，轉眼間就能做出香滑效果的祕密武器就在於年糕片。加入蒸雞肉的皮和湯汁來煮，能讓滋味更加濃郁迷人。感冒或身體不舒服的時候，可以直接把梅乾放在簡單的白粥上來吃。準備各式各樣的配料也是一種樂趣。

■ **材料（2人份）**

白飯　1碗
年糕片　1片
水（或高湯）　2杯
鹽　適量

■ **作法**

1. 年糕片切成小丁，和水、白飯一起放進鍋子裡，開火。a
2. 煮滾後轉小火再煮 2～3 分鐘，關火，蓋上鍋蓋燜 5 分鐘。b
3. 再開小火，邊攪邊讓年糕片化開。如果太乾請加水調節。c
4. 若年糕不好化開，可以關火，蓋上鍋蓋用燜的。d
5. 以鹽調味。

POINT

放上自己喜歡的配料也很好吃。我們家除了 p.53 介紹的那些，也經常加入梅乾、鹽昆布、明太子、老醬菜（把醃漬過頭的醬菜剁碎）等等。過年時還會放上鮭魚子或油漬牡蠣，營造出大餐的氣氛。倘若添加的配料很鹹，稀飯也可以不用加鹽。

Morning Table 15

外頭酥脆 & 裡面鬆軟的法式土司

[只要擺上桌！] 　澀皮煮栗子／梨子和麝香葡萄／咖啡歐蕾／楓糖漿

[早上做的食物] 　法式土司／香菇沙拉

Have a lovely Morning !

梨子和麝香葡萄
當季的水果充滿了秋天的美味。

澀皮煮栗子
→ 作法見 p.145

楓糖漿

Sweet

fruits

coffee

法式土司
硬邦邦的麵包也能變得很好吃！
→ 作法見 p.58

Recipe
香菇沙拉
把黃芥末醃漬烤香菇（→ 作法見 p.133）
擺在撕成一口大小的萵苣上，再撒上帕
馬森起司。

Blog Comment ┃ @NACCHI 　•　法式土司明明像是店裡賣的時髦菜色，做起來卻很
簡單，真是太美好了。等下次麵包又放到硬的時候
（笑）再來做一次。

法式土司的作法

做的時候沒加糖，所以是不甜的法式土司。可以淋上楓糖漿，也可以搭配香腸、培根或沙拉一起吃。可以用平底鍋煎，也可以像右圖那樣，把麵包放進耐熱容器裡用烤箱烤。即使是已經放了好幾天的麵包，也能恢復鬆軟綿密的口感。請烤到外層酥脆。

■ 材料（2人份）

喜歡的麵包（這裡用的是小土司和長棍麵包） 3～4 片
蛋　1 顆
牛奶　100ml
鹽　少許
奶油　10～15g

■ 作法

1. 小土司切成 2 等分，將蛋打散在調理盤中，與牛奶、鹽混合，把麵包放進去。[a]
2. 預熱平底鍋，加入一半的奶油，再放進浸泡在蛋汁裡的麵包。[b]
3. 煎到麵包呈現金黃色後翻面，加入剩下的奶油繼續煎。[c]
4. 盛盤，依個人口味淋上楓糖漿，再放上藍莓或細葉香芹。

POINT

用土司製作時，不需要長時間浸泡在蛋汁裡，也能馬上吸飽蛋汁。用多一點奶油煎得金黃酥脆就很好吃，也可以放上水果或堅果、起司醬（→ 作法見 p.143）做裝飾。[d] 的照片是放上馬斯卡彭起司和自製燕麥棒（→ 作法見 p.30），再淋上焦糖醬的版本。

- -

烤箱版法式土司（2人份）

■ 作法

1. 將喜歡的麵包（3～4 片）切成一口大小，浸泡在加了蛋（1 顆）和牛奶（100ml）、鹽（少許）的蛋汁裡。
2. 在耐熱容器裡塗上薄薄一層奶油，倒入浸泡在蛋汁裡的麵包和剩下的蛋汁，將奶油（5～10g）切成小塊，撒在上面，放進小烤箱烤 15～20 分鐘。
3. 視個人喜好淋上楓糖漿。

Morning Table 16

海帶芽拌飯定食的風味令人安心

[只要擺上桌！]　鱈魚子拌百合根／水煮甜豌豆莢／炒過的白芝麻／蔥花

[早上做的食物]　海帶芽拌飯／沖泡湯／鹽昆布涼拌綠花椰

水煮甜豌豆莢

Recipe
沖泡湯 只要加入熱水即可！
把白高湯、昆布絲、蔥花、麩放進碗裡，
加入熱水。

Recipe
鹽昆布涼拌綠花椰
汆燙好的綠花椰菜與鹽
昆布拌勻即可。

鱈魚子拌百合
→ 作法見 p.132

蔥花

炒過的白芝麻

Recipe
海帶芽拌飯（容易製作的份量・**4人份**）

1. 米（360ml ＝ 2 杯）洗乾淨，放入電鍋，加水到刻度的地方。加入鹽（1 小匙）和日式高湯粉（1 小匙）攪拌一下，按下煮飯開關。
2. 海帶芽（乾燥・5g）泡水還原，用濾網瀝乾，再擰乾水分，稍微切碎。
3. 在煮好的飯裡加入 2 的海帶芽和炒過的白芝麻（1 大匙）攪拌均勻。

Blog Comment ｜ @龍蒿　　◆　海帶芽拌飯好令人懷念！我媽經常把鮭魚加到海帶芽拌飯給我吃，突然好想吃啊～

Morning Table 17

料多味美的奶油濃湯是寒冷早晨的主角

[只要擺上桌！] 麵包／奶油霜／加入了紅茶漬葡萄乾的優格

[早上做的食物] 奶油濃湯

奶油霜 🍴

有多餘的鮮奶油時可以做起來放。

→ 作法見 p.142

加入了紅茶漬葡萄乾的優格 🍴

→ 作法見 p.145

Recipe

奶油濃湯（容易製作的份量・4人份）

1. 把洋蔥（1/2個）、紅蘿蔔（1/4根）、馬鈴薯（1個）削皮後切成小丁，培根（2片）切絲，綠花椰菜（4小朵）也稍微切一下。

2. 把水（1杯）、洋蔥、紅蘿蔔、馬鈴薯、培根放進鍋子裡開火，煮到沸騰後轉小火再煮10～15分鐘，倒入牛奶（300～400ml）加熱。

3. 把低筋麵粉（2大匙）和奶油（20g）放進耐熱容器，用微波爐加熱20～30秒，加熱到奶油咕嘟咕嘟沸騰後，拿出來，充分攪拌到變得柔滑細緻。再一點一點地加入 2 的湯，攪拌均勻後倒回鍋子裡。

4. 加入綠花椰菜和玉米粒（約80g）稍微煮滾，再加入攪散的味噌（1小匙），以鹽、胡椒（各適量）調味。裝到碗裡，有的話可以撒上一點炸洋蔥。

Blog Comment | @chihiro_june ◆ 可以在奶油濃湯裡加入大量的蔬菜，營養滿分。

63

廚房裡隨時都要有的東西

每次用的時候都覺得好方便的烹飪工具

由右而左依序是鋒利的 WENGER 麵包刀、能把沾在調理碗壁的調味料刮乾淨的矽膠刮刀、用於拌炒的小木鏟、製作沙拉醬或醬汁時很好用的小型打蛋器、可以測量到 1/2 小匙和 1/4 小匙的貝印量匙、可以放進微波爐加熱的大中小耐熱碗，全都是非常實用的工具。

正因為調味很單純，基本調味料更重要

由左而右分別是鹹味溫和、還保留著鹽滷成分的粗鹽和清爽的甜味，我個人很喜歡，富含礦物質的蔗糖。我喜歡酸味溫和的醋，所以最近愛上了「美濃有機純米醋」。白高湯則是一用就迷上它的方便性！和沾麵醬一樣好用，可以讓食材的顏色變得很漂亮，我很常用。

方便的乾貨可以當調味料使用

美味至極的乾貨也可以當調味料使用。可以加到沙拉裡，與蔬菜一起吃；也可以用來炒菜或滷東西；只要加入熱水，就能立刻變出一碗湯，用途多多。照片中從右上角順時針依序是柴魚片、炒過的白芝麻、鹽昆布、石蓴海苔、麩。除此之外，昆布絲及櫻花蝦、海苔也是我經常使用的乾貨。

起司也能成為料理風味的重點

我最愛吃起司了！冰箱裡隨時都有琳瑯滿目的起司，例如起司絲（比薩用起司）、起司粉、帕馬森起司、卡門貝爾起司、奶油起司等等，可以直接吃，也可以用來做菜。風味濃郁的帕馬森起司切成小塊保存，就可以放在沙拉或白飯上來吃。

Part 2
—
Dinner Table

每天晚上的餐桌

決定好菜單後,只有一道菜要好好做,
剩下就交給做起來放的食物或兩三下就能搞定的涼拌菜、沙拉等等,
以豐富的菜色達到營養均衡的目標。
以下為各位介紹食譜網站上大獲好評,在家裡也可以做的菜色。

番茄牛肉燴飯

[全都做起來放也無妨]　番茄牛肉燴飯／紅蘿蔔沙拉／馬鈴薯泥

Recipe

馬鈴薯泥 🥄（2人份）

1. 馬鈴薯（2個）切成 4 等分，放入小鍋，加水到馬鈴薯微微探出頭，開火，蓋上鍋蓋。沸騰後轉小火煮 15 ～ 20 分鐘，煮到馬鈴薯變軟。
2. 把水倒掉，再次開火，蓋上鍋蓋，搖晃鍋子，收乾水分。
3. 趁熱加入奶油（15g），搗碎馬鈴薯，讓馬鈴薯與奶油混合拌勻。再加入牛奶（80 ～ 100ml）攪拌均勻，用鹽（約 1/3 小匙）調味。有的話可以再撒上剁碎的荷蘭芹或炸洋蔥。

Recipe

紅蘿蔔沙拉 🥄（2人份）

在鹽抓紅蘿蔔 🥄（→作法見 p.128）裡加醋（將近 2 小匙）、橄欖油（1 大匙）、蜂蜜（少許）拌勻，再撒些胡椒（少許）。與自製的新鮮起司（→作法見 p.51）或茅屋起司（適量）攪拌均勻。

I'm Good !

cheese

Recipe

番茄牛肉燴飯

■ 材料（2人份）

牛肉 250g ／洋蔥、番茄各 1 個／罐頭蘑菇、牛肉醬各 1 罐／紅酒 50ml ／高湯粉（法式清湯）1 大匙／番茄醬 2 大匙／牛奶 3 大匙／奶油 15g ／鹽適量／沙拉油 1 小匙／五穀飯適量

■ 作法

1. 洋蔥切成 4 等分，與纖維呈直角地切成薄片。番茄切成小丁。牛肉切成一口大小。瀝乾罐頭蘑菇的湯汁。
2. 將沙拉油倒進平底鍋裡加熱，炒洋蔥（參照 p.94 炒洋蔥的作法）。炒出焦色後再加入 5g 奶油繼續拌炒，加入紅酒，煮到水分收乾。再加入番茄繼續拌炒。
3. 把 2、蘑菇、牛肉醬、水 100ml、高湯粉、番茄醬放進鍋子裡開火，煮到沸騰後再轉小火，蓋上鍋蓋，繼續煮 10 ～ 15 分鐘。
4. 在平底鍋裡加熱剩下的奶油，炒牛肉，炒到八分熟後再倒進 3 裡燉煮 5 分鐘。加入牛奶，用鹽調味。
5. 與五穀飯一起盛入盤中，依個人喜好撒些杏仁片、細葉香芹。

Dinner Table 2

滿桌竹筍的春日美食

[晚上做的食物] 　竹筍飯／竹筍味噌湯／竹筍＆豆腐排／竹筍炒肉絲／
鮪魚涼拌小松菜

作法在下一頁

竹筍飯

How to Cook ?!

竹筍 & 豆腐排

flower

竹筍味噌湯

mmm...!

竹筍炒肉絲

鮪魚涼拌小松菜

Blog Comment　│　@korino1016　　•　　我一定要試試竹筍飯！豆皮要切碎對吧，
看起來好好吃的樣子 ^o^

竹筍飯

加入了大量的竹筍，用高湯炊煮，作法簡單到不得了的炊飯。
用鍋子煮還能享受到鍋巴的口感。

■ 材料（4 人份）

米　360ml（2 杯）
竹筍（水煮）　150 〜 200g
豆皮　1 片
高湯　少於 360ml
A ┌ 味醂、醬油各 1 大匙
　└ 鹽 1/2 小匙

■ 作法

1. 米洗乾淨，浸泡在水裡約 30 分鐘，用濾杓瀝乾水分。竹筍切成薄薄的扇形，豆皮切碎。

2. 把瀝乾水分的米倒進鍋子，加入高湯，再加入 A，攪拌一下，把竹筍和豆皮鋪在上面。

3. 蓋上鍋蓋，開中火〜大火，確實煮沸後，再轉小火煮 13 〜 15 分鐘。

4. 用中火煮 30 秒〜 1 分鐘，關火，繼續燜 10 分鐘，然後再整個攪拌均勻。

POINT

用電鍋煮的時候，高湯的量要配合刻度（不要放太多），然後再加入 A 攪拌均勻，放上竹筍和豆皮，按下煮飯開關。

💡 **用鍋子煮飯的技巧**

連同鍋子端上桌，感覺像是在吃大餐！

即使是白米也能依上述的步驟 3、4 煮好。建議用陶鍋或無水鍋、STAUB 等保溫性比較好的鍋子來煮。若米為 180ml（＝ 1 杯），水量以 180ml（與米相同）為準，但水量及時間會因鍋子的種類及大小而異，請適度調整。

竹筍味噌湯

■ 材料與作法（2 人份）

1. 摘掉小魚乾（2 〜 3g）的頭和泥腸，和水（300ml）一起放進鍋子裡。

2. 竹筍（水煮・50g）和洋蔥（1/4 個）切成薄片，豆皮（80g）用手撕成便於食用的大小。

3. 把 2 的材料放進 1 裡，開火，蓋上鍋蓋，煮滾後將火轉到最小，再煮 20 〜 30 分鐘。可以的話把火關掉，放涼到接近人體皮膚的溫度。

4. 再開火加熱，加入味噌（1 大匙左右）調味。

竹筍炒肉絲

竹筍和肉、蔬菜一起炒，可以增加份量。
調成甜甜辣辣的味道，讓人胃口大開。如果不敢吃辣，請少放一點豆瓣醬。

- **材料（2 人份）**

薄切豬五花肉 150g ／竹筍（水煮）80g ／青椒 1 個／鴻喜菇 1/2 包／A [味醂、醬油各 1 小匙] ／B [酒、味噌各 1 大匙] ／砂糖 2 小匙、豆瓣醬／少許麻油 2 小匙

- **作法**

1. 竹筍切成長方形。去除青椒的蒂頭和種籽，切成滾刀塊。鴻喜菇切除蒂頭，撕成小撮。豬肉切成一口大小，加入 A，揉捏入味。
2. 平底鍋放在爐子上開火，加熱一半的麻油，把豬肉煎得金黃酥脆。豬肉一旦煎成金黃色就可以拿出來。
3. 把同一個平底鍋放回爐火上，倒入剩下的麻油，拌炒竹筍、青椒、鴻喜菇。炒到全部的蔬菜都吃到油，加入 1 大匙水（或熱水）再炒到水分收乾會比較容易熟。
4. 將豬肉倒回平底鍋，加入 B 拌炒。

竹筍 & 豆腐排

- **材料與作法（2 人份）**

1. 徹底瀝乾豆腐（1/2 塊）的水分。
2. 竹筍（水煮 · 80g）、豆腐各自切成 4 等分，擦去水分。
3. 預熱平底鍋，倒入沙拉油（1 小匙），把竹筍和豆腐煎到兩面金黃酥脆。
4. 盛盤，淋上油漬紫蘇 📖（適量 →作法見 p.136）。

鮪魚涼拌小松菜

- **材料與作法（2 人份）**

1. 用鹽水汆燙小松菜（4 棵）再沖冷水，擰乾水分，切成 3cm 長。稍微瀝掉鮪魚罐頭（1/2 罐）的油。蘿蔔（約 5cm）磨成泥。
2. 迅速地將小松菜、鮪魚、稍微瀝乾水分的蘿蔔泥攪拌一下，要吃的時候再淋上橙醋或醬油（適量）。

炸得金黃酥脆的泡菜豬肉與鰤魚生魚片

[只要擺上桌！]　鰤魚生魚片／白飯／自製滑菇

[做起來放也 ok]　淺漬爽口泡菜／燙小松菜／蓮藕鱈魚子美乃滋沙拉

[晚上做的食物]　炸泡菜豬肉

Recipe

蓮藕鱈魚子美乃滋沙拉 （2人份）

1. 蓮藕（1 小節・100g）垂直切成 4 等分再切成薄片。
2. 用加了鹽、醋（各少許）的熱水稍微汆燙一下，擦乾水分。
3. 撕去鱈魚子（1/2 條）的薄膜，與美乃滋（1 大匙）攪拌均勻，拌入 2 的蓮藕。

Recipe

燙小松菜 （2人份）

1. 用加了鹽（少許）的熱水汆燙小松菜（1 把），再沖冷水，瀝乾水分。淋上醬油或高湯醬油（少許），讓小松菜吸收後，再瀝乾水分。
2. 切成便於食用的大小，放上柴魚片（適量）。吃的時候再淋上醬油或高湯醬油（適量）。

鰤魚生魚片

撒上炒過的白芝麻，再放上切成薄片的洋蔥和蘘荷、豆瓣菜、檸檬。

Recipe

炸泡菜豬肉

■ 材料 （2人份）

薄切豬肉片 100g ／ A [醬油、味酥各 1/2 小匙]／蔥 1/4 根／白菜泡菜 80 ～ 100g ／太白粉 3 ～ 4 大匙／炸油 適量

■ 作法

1. 蔥切成小段。瀝乾泡菜的水分，稍微切一下。豬肉切成便於食用的大小。
2. 把豬肉放進調理碗，與 A 一起揉捏入味，加入蔥和泡菜拌勻，再加入太白粉，攪拌均勻。
3. 捏成一口大小，用 170 度的油炸。

YUM

FRESH

flower

自製滑菇
→ 作法見 p.134

淺漬爽口泡菜
→ 作法見 p.133

Dinner Table 4

讚不絕口的奶油培根蛋黃義大利麵

[**只要擺上桌！**]　帕馬森起司／茶

[**晚上做的食物**]　蛋香味十足的奶油培根蛋黃義大利麵／
　　　　　　　　　　大蒜炒章魚馬鈴薯番茄／金平沙拉

Recipe

大蒜炒章魚馬鈴薯番茄（2人份）

1. 馬鈴薯（1個‧約150g）洗乾淨，連皮用保鮮膜包起來，放進微波爐加熱3分鐘，過程中要不時上下翻面。放涼以後再去皮，切成一口大小。
2. 蒜頭（1/2 瓣）去芯，切成薄片，將水煮章魚（80g）切成一口大小，小番茄（4顆）對半切開。
3. 把橄欖油（2小匙）和蒜頭放進平底鍋，開火爆香，等蒜頭微微變色後加入1，再加入砂糖（1小撮），不要一直翻面，煎到表面微微變色，加入鹽、胡椒（各少許）。
4. 加入章魚和小番茄，繼續拌炒，邊試味道邊用鹽調味。

Love it !

Recipe

金平沙拉（2人份）

1. 紫色洋蔥（1/4 個）切成薄片，泡水，用濾杓把水分瀝乾。萵苣（80g）撕成一口大小，豆瓣菜（10根）切成便於食用的大小。
2. 把 1、金平牛蒡紅蘿蔔絲 （→ 作法見 p.129 的 1/2）、磨成粉的帕馬森起司（10g）加到調理碗裡攪拌均勻。
3. 盛盤，附上由沾麵醬、橙醋、橄欖油（各 1大匙）、柚子胡椒（少許）混合的沙拉醬。

Recipe

蛋香味十足的奶油培根蛋黃義大利麵

■ **材料（2人份）**

義大利麵（直麵）　160g
培根　80g
A ⎡ 蛋2顆、蛋黃1顆份
　 ⎢ 起司粉　4大匙
　 ⎣ 黑胡椒　適量
白酒（或酒）　2大匙
鹽　適量

帕馬森起司  cheese

■ **作法**

1. 煮一大鍋水，加入 1% 的鹽（如果是 1L 的熱水約 2 小匙鹽），開始煮義大利麵。培根切成5mm寬，放進調理碗，與A 攪拌均勻。
2. 用平底鍋拌炒培根，逼出油脂後加入白酒，再加入煮好的義大利麵和 2 大匙煮麵水，整個攪拌均勻。
3. 將平底鍋從爐火上移開，放在濕抹布上，把 A 放在正中央，迅速地攪拌一下。觀察狀況，如有需要，再加點煮義大利麵的水，讓口感變濃稠。反之，如果不夠濃郁，可以再加入起司粉（1 大匙），邊嘗味道邊用鹽調味。
4. 盛盤，依個人口味撒點黑胡椒。

Dinner Table 5

滿是蔬菜的烤肉沙拉與煎車麩

[只要擺上桌！] 佃煮海苔／白飯

[晚上做的食物] 烤肉沙拉／煎車麩佐韓式辣椒醬／散開的餛飩湯／
鰯仔魚加鹽抓紅蘿蔔絲

佃煮海苔
→ 作法見 p.141

作法在下一頁

烤肉沙拉

Stock

韓式辣椒醬

煎車麩

Wow!

Enjoy!

鰯仔魚加鹽抓紅蘿蔔絲
可以做起來放的另一道菜。

散開的餛飩湯
有點偷工減料的餛飩湯在
忙碌的時候很方便！

good
IDEA!

Blog Comment | @naorin • 山茼蒿最適合生吃了！和肉放在一起，就連我
們家的男孩子也能吃下很多，所以我很欣慰。

烤肉沙拉

把生的山茼蒿放在滋味濃郁的蠔油牛肉上，再擠點檸檬做成沙拉，
就能吃下許多青菜和肉。

■ 材料（2 人份）

切成薄片的牛肉　150g

A ┌ 酒、蠔油、醬油、
　└ 砂糖各 1 小匙

山茼蒿　10 棵

紫色洋蔥　1/4 個

蒜頭　1 瓣

炒過的白芝麻　1 小匙

麻油　1 大匙

■ 作法

1. 將 A 揉進牛肉裡，靜置 15 分鐘。

2. 摘下山茼蒿的葉子，切成兩半。洋蔥切成薄片，泡水。蒜頭去芯，切成薄片。

3. 用廚房專用紙巾徹底吸乾山茼蒿和洋蔥的水，放進調理碗，加入一半的麻油和白芝麻拌勻。

4. 預熱平底鍋，倒入剩下的麻油和蒜頭拌炒，爆出蒜頭的香味後，加入 1 拌炒。

5. 將 3 盛入盤中，放上 4，要吃的時候依個人喜好擠點檸檬汁，稍微攪拌一下。

POINT

事先用一點油拌青菜，可以比較容易入味。要是把蒜頭燒焦了，就把蒜頭撈出來，最後再淋上去。

散開的餛飩湯

■ 作法（2 人份）

1. 剔除香菇（1 朵）的蒂頭，切成薄片，蔥（1/2 根）斜斜地切成薄片，豬肉（50g）切成細絲，餛飩皮（5 片）用做菜專用的剪刀剪成 4 等分。

2. 把水（2 杯）和雞湯粉（1 大匙）放進鍋子裡，開火，煮滾後再加酒（1 大匙），以攪散的方式加入豬肉。再加入香菇和蔥，快速地煮一下。

3. 加入薑泥（少許）、餛飩皮，煮 1 分鐘左右。加入蠔油（1 小匙），如有必要再以鹽巴調味。要吃的時候再視個人喜好滴點辣油。

煎車麩

這是一種把食材裹上蛋汁去煎的韓國料理。
為車麩裹上蛋汁時，要先讓車麩吸飽蛋汁再下鍋煎。

■ 材料（2 人份）

車麩　2 片

蛋　1 顆

醬油　1 小匙

沙拉油　適量

A ┌ 醬油、蜂蜜、水各 1 小匙
　└ 韓式辣椒醬少於 1/2 小匙

■ 作法

1. 以大量的水浸泡車麩，每片切成 4 等分，徹底地擰乾水分。

2. 蛋打散，倒進調理盤裡，加入醬油，攪拌均勻，再放入車麩排好，時不時地翻面，靜置 5 分鐘，直到蛋汁都被車麩吸收。

3. 加熱平底鍋裡的沙拉油，加入車麩，煎到表面變成金黃色，翻面，轉小火，把車麩煎熟。

4. 盛盤，有的話可以加入斜切的蔥花、辣椒絲、炒過的芝麻。再附上拌入 A 的韓式辣椒醬。

POINT

要徹底擰乾車麩的水分，使其充分吸收蛋汁。醬汁看個人口味，也可以改成蘿蔔泥加橙醋的和風醬汁。

魩仔魚加鹽抓紅蘿蔔絲

■ 材料（2 人份）

把鹽抓紅蘿蔔絲 （→ 作法見 p.128）放在盤子裡，再放上魩仔魚，淋點麻油。

Dinner Table 6

在夏天飽餐一頓炸玉米粒和麵線

[只要擺上桌！]　翡翠茄子／鹽奶油南瓜／油漬紫蘇／蔥花或蘘荷

[晚上做的食物]　麵線／油炸雞胸肉玉米粒

TOPPING

鹽奶油南瓜 ▦
→ 作法見 p.127

油漬紫蘇 ▦
→ 作法見 p.136

TRY！

翡翠茄子 ▦
→ 作法見 p.125

YUM

Recipe

油炸雞胸肉玉米粒

■ **材料**（**2人份**）

雞胸肉　約 150g
玉米　1/2 根
A [鹽　1 小撮、酒　1 小匙
B [天麩羅粉 30g、水　50ml
天麩羅粉　1 小匙
炸油　適量

■ **作法**

1. 挑掉雞胸肉的筋，切大塊，放入調理碗，加入 A 用手揉捏入味，靜置 10 分鐘。用菜刀直向削下玉米粒，倒進雞胸肉的調理碗，加入天麩羅粉，攪拌均勻。
2. 將 B 在另一個調理碗裡化開，與 1 攪拌均勻。
3. 炸油預熱到 170 度，用湯匙舀起 2、下鍋油炸。炸好後盛入盤中，依個人口味附上鹽。

Recipe

麵線

1. 依照包裝袋的標示煮麵線，用清水沖洗，以濾杓徹底地瀝乾水分，用食指和中指捲成方便入口的量，放在盤子上。
2. 放上沾麵醬、蔥花和蘘荷、油漬紫蘇 ▦（→作法見 p.136），依個人口味沾來吃。

♡ Blog Comment ｜ @營養師媽媽@Nobutan ◆ 把油漬紫蘇淋在麵線上的作法好新奇！好時髦！好想做做看。

Dinner Table 7

清涼消暑的檸檬烤鮭魚

[只要擺上桌！]　蜂蜜泡菜／白飯

[晚上做的食物]　檸檬烤鮭魚／醬油涼拌小黃瓜／
　　　　　　　　　油漬半風乾番茄涼拌豆腐／味噌核桃涼拌四季豆

Recipe
味噌核桃涼拌四季豆

挑掉四季豆的絲，用鹽水燙熟，切成容易食用的大小，用味噌核桃 🖿（→ 作法見 p.144）拌勻。

Recipe
油漬半風乾番茄涼拌豆腐

豆腐放在盤子裡，淋上油漬半風乾番茄 🖿（→ 作法見 p.136）、切碎的蘘荷、柴魚片和醬油（少許）。

Cute !

Love it !

蜂蜜泡菜 🖿
→ 作法見 p.122

Recipe
醬油涼拌小黃瓜
（容易製作的份量）

1. 小黃瓜（2 條）洗乾淨，用削皮刀略略地削掉一些皮，切成厚一點的小丁，放進調理碗，加鹽（1 小撮）稍微抓一下，靜置 15 分鐘。
2. 切碎蘘荷（1 個）、生薑（1 塊）、紫蘇（2 片）。
3. 1 稍微沖洗一下，輕輕地擰乾水分。加入 2 和醬油（1 小匙）攪拌均勻。

Recipe
檸檬烤鮭魚

■ 材料（2～3人份）

鮭魚　3 片（約 250g）
切成薄片的檸檬　5 片
鹽　1/2 小匙
沾麵醬（3 倍濃縮）　1 大匙
沙拉油　1 小匙

■ 作法

1. 刮除鮭魚的魚鱗，洗乾淨，徹底拭去水氣，抹上一層薄薄的鹽，靜置 15 分鐘，再把釋出的水分擦乾淨。
2. 依序為鮭魚抹上沾麵醬、沙拉油，再放上檸檬，靜置 15 分鐘。
3. 用烤魚器烤 10 ～ 15 分鐘，烤到呈現焦色。

Dinner Table 8

酥脆多汁的鹽炸雞在食譜網站上也很受歡迎

[晚上做的食物]　　我們家的鹽炸雞／培根涼拌豆腐／蒸玉米

[做起來放也 ok]　　芝麻生薑涼拌蘆筍綠花椰／蝦仁冬粉沙拉／蛋花湯

作法在下一頁

Bon Appétit!

‖ YUMMY! ‖

蝦仁冬粉沙拉 🔖

蛋花湯 🔖

蒸玉米

我們家的鹽炸雞

培根涼拌豆腐

Enjoy!

芝麻生薑涼拌蘆筍綠花椰 🔖

🔍 Blog Comment ｜ @U太媽媽 ◆　一提到今天要炸雞塊，家人都樂壞了。這款炸雞的麵衣酥脆、香氣四溢，大家都非常喜歡，成了我們家的招牌菜色。

我們家的鹽炸雞

招牌的炸雞塊受到眾多讀者的好評。炸得酥脆多汁的重點在於裹上麵衣的方法。
請撒上大量的太白粉。

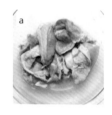 

■ 材料（4 人份）

雞腿肉　1 片
A ┌ 鹽　1/4 小匙
　├ 砂糖　1 小撮
　└ 酒　1 大匙
蒜頭　1/4 瓣
打散的蛋汁　1/2 顆
太白粉　適量
炸油　適量

■ 作法

1. 雞肉切成大一點的一口大小，仔細揉入磨成泥的蒜頭和 A，靜置 15 分鐘。a
2. 加入打散的蛋汁攪拌均勻。
3. 把太白粉放進另一個碗，讓雞肉全部沾上太白粉。b
4. 用 170 度的炸油炸到金黃色，反覆炸個兩次，可以炸得更酥脆。要吃的時候再依個人口味放上檸檬。

POINT

蒜頭只是為了增添風味，所以不用加太多。由於味道沒那麼重，可以視個人喜好沾鹽來吃。

芝麻生薑涼拌蘆筍綠花椰

■ 作法

1. 綠花椰菜（淨重約 150g）撕成小朵，削掉蘆筍（2 根）根部的皮，斜切。
2. 煮一鍋水，加入鹽、綠花椰菜，煮 1 分鐘，再加入蘆筍，汆燙 1～2 分鐘，用濾杓瀝乾水分，放涼。
3. 放涼後以廚房專用紙巾輕輕地拭乾，與薑末（1 塊）、炒過的白芝麻（2 小匙）、醬油（約 1 小匙）拌勻。

蝦仁冬粉沙拉

將泰式冬粉沙拉變化成和風版，做成和各種主菜都很對味，
就連不敢吃辣的人和小孩子都能吃的配菜。

■ 材料（2 人份）

冬粉（乾燥）15g ／蝦仁 100g ／火腿 1 片／洋蔥 1/8 個／
水菜 1 把（15g）／薑泥 1/2 塊／鹽少許／A（醬油 2 ～ 3
小匙／麻油、檸檬汁各 1 大匙／黑糖 1 小匙／炒過的白芝
麻 2 小匙）

■ 作法

1. 以熱水浸泡冬粉，瀝乾，切成便於食用的長度。洋蔥與
   纖維垂直切成薄片，泡水 5 分鐘，再瀝乾水分。用鹽水
   汆燙蝦仁，徹底瀝乾水分。火腿切成細絲，水菜切成 2 ～
   3cm 長。
2. A 充分攪拌均勻，加入薑泥拌勻。
3. 把 1 和芝麻放進調理碗，與 2 拌勻。

蛋花湯（2 人份）

■ 作法

1. 把高湯（300ml）倒進鍋子裡，開火，加入切成小丁的
   豆腐（50g），煮滾後轉小火，加入味噌（約 1 大匙）
   攪散。
2. 一點一點地倒進打散的蛋汁（1/2 顆）做成蛋花湯。
3. 裝到碗裡，撒上蔥花（2 根）。

培根涼拌豆腐（2 人份）

■ 作法

1. 豆腐（250g）切成兩半，以廚房專用紙巾吸乾水分。
2. 切碎培根（20g）和蒜頭（1 瓣），放進耐熱容器，加
   入醬油（1 小匙），蓋上保鮮膜，放進微波爐加熱
   40 ～ 50 秒，再加入麻油（1 大匙）攪拌均勻。
3. 將豆腐裝入盤中，撒上蔥花（3 根）和切碎的蘘荷（1
   個），再淋上 2。

Dinner Table 9

不用炸的肉丸子簡單又健康

[只要擺上桌！] 金平南瓜／羊栖菜和黃豆的沙拉

[晚上做的食物] 不用炸的肉丸／柚子胡椒涼拌海苔酪梨

金平南瓜
→ 作法見 p.127

羊栖菜和
黃豆的沙拉
→ 作法見 p.141

Hello!

STOCK

→ 作法見 p.127
→ 作法見 p.141

Recipe
柚子胡椒涼拌海苔酪梨（2人份）

1. 酪梨（1個）削皮去籽，切成小丁，與美乃滋（1小匙）和柚子胡椒（少許）攪拌均勻。
2. 用手撕碎烤海苔（1.5片），拌入醬油（1小匙），再加到1裡，稍微攪拌一下。盛盤，撒上炒過的白芝麻（適量）。

Recipe
不用炸的肉丸

■ **材料（2～3人份）**

豬絞肉　250g
洋蔥　1/4 個
鹽　1 小撮
麵包粉　1/2 杯
蛋　1 顆
味噌　1 小匙
A ｜高湯 2 杯／味醂、醬油各 2 大匙
　｜砂糖 1～2 小匙
溶解於水中的太白粉　適量

■ **作法**

1. 洋蔥切碎，用鹽抓一抓，靜置 5 分鐘再擰乾水分。
2. 把絞肉、1、蛋、麵包粉、味噌放進調理碗，充分攪拌到出現黏性。
3. 把 A 加到鍋子裡加熱，沸騰後轉小火，把 2 捏成一口大小的球狀放進鍋子裡。蓋上鍋蓋，邊轉動邊煮 5 分鐘。
4. 將肉丸子盛到碗裡，在煮肉丸的湯汁裡加入溶解於水中的太白粉，攪拌均勻，淋在肉丸子上。也可以放上豆苗或撒些山椒粉。

Blog Comment ┃ @果醬大叔 ◆ 這是老公幫我煮的晚餐，女兒也說很好吃，一口接一口。所以我想再做給女兒吃，也想放進便當裡。

Dinner Table 10

全家人都很愛吃的雞肉咖哩

[只要擺上桌！]　萵苣＆小番茄沙拉／油漬紫蘇／奶油起司／
炸洋蔥、起司粉、伍斯特辣醬油

[做起來放也 ok]　我們家的雞肉咖哩／高麗菜沙拉／奶油玉米／
焙茶凍

油漬紫蘇
→ 作法見 p.136

作法在下一頁

flower

萵苣＆小番茄沙拉

奶油起司

高麗菜沙拉

焙茶凍

奶油玉米

我們家的雞肉咖哩

炸洋蔥、起司粉、
伍斯特辣醬油
依個人口味加到咖哩上

mmm...!

TOPPING

Blog Comment　｜　@花梨　　•　我還以為用的是咖哩塊，做出來的味道也會大同
小異，沒想到只要仔細地拌炒洋蔥，就能炒出甜
味來！充滿蔬菜的美味，家人也讚不絕口。

我們家的雞肉咖哩

■ 材料（4 人份）

雞腿肉　1 片
洋蔥　　2 個
馬鈴薯　2 個
紅蘿蔔　1 根
咖哩塊　100 ～ 120g
A ┌ 鹽、砂糖　各1/4 小匙
　└ 酒　1 大匙
沙拉油　2 小匙
五穀飯　適量

■ 作法

1. 雞肉切成大一點的一口大小，加入 A，用手揉捏入味，靜置30 分鐘以上（可以的話最好放進冰箱一整晚）Ⓐ。馬鈴薯切成兩半～ 4 等分，紅蘿蔔磨成泥 Ⓑ。

2. 洋蔥切成薄片，與沙拉油一起放進鍋子裡拌炒（參照下列）。

3. 在鍋內倒入 4 杯水和雞肉、馬鈴薯、紅蘿蔔加熱，撈除渣滓，煮滾後轉小火，蓋上鍋蓋，煮 30 ～ 60 分鐘。

4. 關火，加入咖哩塊攪散，再開小火煮 10 分鐘。依個人口味加入 2 ～ 3 大匙牛奶。

5. 與飯一起盛入碗中，有的話可以再加上細葉香芹。

POINT

用咖哩塊做的咖哩也可以藉由炒洋蔥和紅蘿蔔泥來提升味道的層次。咖哩塊的量依產品的種類而異，請邊嘗味道邊調整。

💡 炒洋蔥

以下是短時間炒好的技巧。可以為牛肉燴飯（→作法見 p.69）或湯等各式各樣的料理增添風味。

■ 作法

1. 洋蔥直切成兩半，根的部分不要切開，先垂直切成兩半，再與纖維呈直角地切成薄片。

2. 把 1、沙拉油倒入平底鍋或鍋子裡，稍微攪拌一下再開火，拌炒到洋蔥變軟，再鋪平洋蔥，直接烤 5 ～ 7 分鐘。烤到底部呈現焦色，加入1 大匙水，從鍋底以翻面的方式整個攪拌均勻，再鋪平洋蔥，繼續烤2 分鐘左右，烤到底部呈現出焦色，加入 1 大匙水，同樣從鍋底以翻面的方式整個攪拌均勻。重覆 1 ～ 2 次，直到所有的洋蔥都變成咖啡色就大功告成了。

高麗菜沙拉

■ **材料（2 人份）**

高麗菜　1/8 個（約 150g）
紅蘿蔔　1/4 根
切碎的洋蔥　1 大匙
玉米粒　25g
鹽　適量

A ┌ 美乃滋 1 大匙
　│ 醋 1 小匙
　│ 砂糖 1/2 小匙
　└ 胡椒少許

■ **作法**

1. 洋蔥切碎，泡水。高麗菜、紅蘿蔔切成稍短的細絲。
2. 把 1 放進調理碗，加鹽（1 小撮）抓到軟。瀝乾水分，加入玉米粒和 A 拌勻，用鹽調味。

POINT

蔬菜會稍微出水，所以不用擰乾，這樣會比較水嫩多汁。也可以依個人口味增加美乃滋的量。

奶油玉米

■ **作法**

用菜刀削下新鮮的玉米粒。讓奶油融化在平底鍋裡，炒玉米粒。用鹽、胡椒調味。

焙茶凍

■ **作法**（容易製作的份量・4 人份）

1. 把洋菜（5g）、砂糖（20 ～ 30g）、焙茶粉（2g）放進鍋子裡，攪拌均勻，一點一點地加水（300ml），攪拌到不再結塊為止。
2. 開火，邊用刮刀確實地從鍋底攪拌均勻邊加熱。沸騰後倒進保鮮盒裡，撈除表面的渣滓，放涼後再放進冰箱冷藏。
3. 用湯匙等工具不規則地舀出來盛盤，依個人口味淋上煉乳（2 大匙）和牛奶（2 大匙）。

Dinner Table 11

秋刀魚、茄子、香菇……充滿當季食材的秋季大餐

[只要擺上桌！]　芝麻拌秋葵／地瓜豬肉湯／白飯

[晚上做的食物]　鹽烤秋刀魚／蘿蔔泥拌烤香菇／烤蓮藕與芋頭的柚子沙拉

FRESH

good IDEA!

作法在下一頁

蘿蔔泥拌烤香菇

鹽烤秋刀魚

YUM

芝麻拌秋葵

flower

地瓜豬肉湯

烤蓮藕與芋頭的柚子沙拉

Blog Comment | @satoko　◆　每到秋天就想吃秋刀魚對吧。平常都裝在方形的盤子裡，改成放在大圓盤真新鮮，好想學著做。

鹽烤秋刀魚

■ **作法（2 人份）**

1. 刮除秋刀魚（2 尾）的鱗片，洗乾淨，徹底把水分擦乾，對半切開，均勻地抹上鹽（1 小撮），靜置 10 分鐘。
2. 用烤魚器烤 8 ～ 10 分鐘，盛盤，放上紫蘇、臭橙（適量），再依個人口味淋上橙醋。

芝麻拌秋葵

■ **作法（2 人份）**

1. 用鹽水煮秋葵（8 根），切除蒂頭，斜切成兩半。
2. 稍微用手捏碎炒過的白芝麻（1 大匙）放進調理碗，拌入醬油和砂糖（各 1/2 小匙），加入 1，攪拌均勻。

烤蓮藕與芋頭的柚子沙拉

■ **材料（2 人份）**

蓮藕　1/4 節
芋頭（小）　1 個
水菜　1 把
柴魚片　1 小撮
炒過的白芝麻　1/2 小匙
日本柚子皮（黃色的部分）、
沙拉醬、沙拉油　各適量

■ **作法**

1. 蓮藕垂直切成兩半再切成薄片，泡水。芋頭切成圓片。水菜切成 2 ～ 3cm 長。挖下日本柚子皮黃色的部分，切成細絲。
2. 預熱平底鍋，倒入沙拉油，煎熟蓮藕和芋頭的兩面，取出備用。
3. 稍微把 2、水菜、柚子、芝麻、柴魚片攪拌一下，盛盤，附上生薑沙拉醬（下述）等喜歡的沙拉醬。

MEMO
只要是自己喜歡的沙拉醬就行了，但建議用自己做的生薑沙拉醬。

生薑沙拉醬
洋蔥（1/8個）、生薑（1塊）磨成泥，與醋、醬油、蜂蜜（各 2小匙）、鹽（1/2小匙）、沙拉油（1大匙）充分攪拌均勻。

蘿蔔泥拌烤香菇

■ **作法**

1. 杏鮑菇直切成 2～4 等分，切除香菇的蒂頭，對半切開，一起放進調理碗中，加入沙拉油，整個攪拌均勻。
2. 排在耐熱容器裡（或是錫箔紙上），用烤魚器烤 10 分鐘，烤到變成金黃色。
3. 將 2 與柴魚片、蘿蔔泥攪拌均勻，依個人口味放上臭橙，淋點醬油或橙醋來吃。

■ **材料（2 人份）**

杏鮑菇　1 包（約 3 根）
香菇　4 朵
蘿蔔泥　5cm
沙拉油　1 大匙
柴魚片　1 小撮
醬油或橙醋　各適量

POINT
也可以加入烤過的培根以增加份量，會更好吃。

地瓜豬肉湯

■ **作法**

1. 摘掉小魚乾的頭和泥腸，和水（300ml）一起放進鍋子裡。
2. 地瓜連皮洗乾淨，切成稍厚的扇形。洋蔥切成薄片。切除金針菇的蒂頭，切成 2cm 長。豬肉切成 3～4cm 寬。
3. 把地瓜、洋蔥、金針菇加到 1 裡，開火，蓋上鍋蓋，煮滾後轉小火，繼續煮 20～30 分鐘。可以的話請把火關掉，放涼到接近人體皮膚的溫度。
4. 再開火加熱，邊撥散豬肉邊加入，再加入味噌。

■ **材料（2 人份）**

地瓜　80g
洋蔥　1/8 個
金針菇　20g
薄切豬五花肉　30g
小魚乾　2g
味噌　約 1 大匙

蔬菜份量十足的韓式拌飯

[做起來放也 **ok**]	奇異果優格冰沙
[晚上做的食物]	韓式拌飯／沖泡海苔湯

Recipe

沖泡海苔湯

只要加入熱水即可！

依照人數，在杯子裡放入烤海苔（1/4片）、雞湯粉（1/2 小匙）、麻油（少許）、蔥花、炒過的白芝麻（各適量），分別注入 150ml 熱水，再依個人口味加點醬油（少許）。

Sweet

Recipe

奇異果優格冰沙 （容易製作的份量）

1. 奇異果（1 顆，淨重約 100g）切成小丁。
2. 在調理碗中放入優格（200g）和蜂蜜（50g），用打蛋器攪拌均勻。再
3. 加入 1，用打蛋器以搗碎奇異果的方式攪拌均勻。
4. 放進冷凍庫冰 1 小時左右，冰到周圍開始凝固就拿出來，用打蛋器攪拌均勻。然後每隔 15 ～ 30 分鐘就拿出來攪拌一次，重複 2 ～ 3 次，使其冷卻凝固。

Recipe

韓式拌飯

Wow!

■ 材料（2人份）

〔炒牛肉〕

薄切牛肉片　100g

蒜末　1/2 瓣／麻油　1/2 小匙

A ⌈ 味醂 1/2 大匙、醬油 1 小匙
　 ⌊ 味噌 1/2 小匙、砂糖少許

炒過的白芝麻　1 小撮

〔韓式涼拌紫蘇番茄〕

番茄　1/2 顆

稍微切碎的紫蘇　1 片

B ⌈ 鹽少許、麻油　1 小匙
　 ⌊ 炒過的白芝麻　1/2 小匙

韓式涼拌紅蘿蔔絲 → 作法見 p.129　適量

韓式涼拌豆芽菜 → 作法見 p.130　適量

韓式涼拌鹽昆布青椒 → 作法見 p.130　適量

溫泉蛋　2 顆

熱騰騰的白飯　2 碗

韓式辣椒醬

■ 作法

1. 炒牛肉。牛肉切成細絲，放進調理碗，與 A 充分揉捏入味。
2. 將麻油和蒜頭放進平底鍋爆香，炒到變色後，再加入 1 拌炒，撒上芝麻。
3. 製作韓式涼拌紫蘇番茄。番茄切除蒂頭，切成小丁，擦乾水分，與 B、紫蘇攪拌均勻。
4. 把白飯裝到碗裡，放上 2、3、韓式涼拌紅蘿蔔絲、韓式涼拌鹽昆布青椒、韓式涼拌豆芽菜，再放上溫泉蛋。依個人口味撒些辣椒絲，放上韓式辣椒醬。

軟綿綿、熱騰騰的焗烤蝦

[只要擺上桌！]　黃芥末蓮藕火腿／奶油霜／麵包
[晚上做的食物]　焗烤蝦／附湯／培根高麗菜

Recipe
附湯（2人份）

蝦頭不要丟，可以廢物利用！

把在焗烤蝦的作法 2 取出的蝦頭放進鍋子裡，加水（2 杯），開火，煮滾後再轉小火，繼續煮 5 分鐘。加入法式清湯粉（1 小匙），用鹽調味。

Recipe
培根高麗菜（2人份）

1. 高麗菜（1/8 個）切絲，培根（30g）也切成細絲，蒜頭（1/2 瓣）去芯切成薄片。
2. 把沙拉油（1 小匙）和蒜頭放進平底鍋爆香，炒出淺淺的焦色後再加入培根，繼續拌炒。
3. 將高麗菜放進調理碗，連油一起倒入 2，加入醬油（約 1 小匙）、柴魚片（2g）拌勻。依個人口味再撒些黑胡椒。

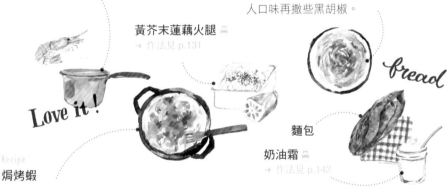

黃芥末蓮藕火腿
→ 作法見 p.131

bread

Love it !

麵包

奶油霜
→ 作法見 p.142

Recipe
焗烤蝦

■ 材料（2人份）

蝦子（帶頭） 10 尾
洋蔥 1/2 個
杏鮑菇 2 根
鹽 適量
酒 1 大匙
低筋麵粉 2 大匙
牛奶 300 ～ 350ml
奶油 25g
比薩用起司 適量

■ 作法

1. 蝦子洗淨，徹底瀝乾水分，摘頭、去殼、剔除腸泥。洋蔥切成薄片，杏鮑菇切成 2cm 左右的長條狀。
2. 開火，將奶油（5g）放進平底鍋裡，拌炒蝦頭和蝦身。炒到表面帶點焦色後，加酒，稍微收乾湯汁，分別取出蝦頭和蝦身（蝦頭用來煮湯）。
3. 再次開火，放上 2 的平底鍋，加入剩下的奶油，拌炒洋蔥和杏鮑菇，炒軟後加入過篩的低筋麵粉，轉小火炒 1 ～ 2 分鐘。再一點一點地加入牛奶，用剛好煮到咕嘟咕嘟沸騰的火候（中火）迅速地攪拌一下，再一點一點地加入剩下的牛奶。加入所有的牛奶後，把蝦子倒回平底鍋，用鹽調味。
4. 在耐熱容器裡塗上薄薄一層奶油（份量另計），加入 3，再放上比薩用起司，放進小烤箱烤 7 ～ 8 分鐘，直到變成金黃色。

Dinner Table 14

豬肉萵苣豆漿涮涮鍋

[只要擺上桌！]　辣油／炒過的白芝麻／日本柚子

[晚上做的食物]　蔥花豬肉萵苣豆漿涮涮鍋／梅肉拌蘿蔔

Recipe
梅肉拌蘿蔔

用做起來放的東西加以變化！

瀝乾淺漬蘿蔔 🥢（→ 作法見 p.23）的水分，拌入剁碎的梅肉和切成細絲的紫蘇。

TRY !

mmm…!

Recipe
蔥花豬肉萵苣豆漿涮涮鍋

■ **材料**（**2人份**）

薄切豬五花肉（涮肉專用）　200g
萵苣　1/2 個
蔥　1 根
豆漿　2 杯
白高湯　4 大匙
炒過的白芝麻、辣油、日本柚子各適量

■ **作法**

1. 萵苣撕成便於食用的大小，蔥段斜切。
2. 把豆漿和 2 杯水倒進鍋子裡加熱，加入白高湯。
3. 邊用小瓦斯爐在桌上繼續加熱，再加入豬肉、萵苣、蔥，依個人口味沾芝麻、辣油、日本柚子來吃。

辣油

FRESH

日本柚子

COSTOMIZE

炒過的白芝麻

🗨 Blog Comment　|　@nato　　◆　　圓潤溫和的豆漿湯非常好喝，可以輕而易舉地吃下半個萵苣！湯只用白高湯調味，既簡單又美味。

Dinner Table 15

番茄燉雞

[只要擺上桌！]	汆燙備用的綠花椰菜／紫米飯
[做起來放也 ok]	雞塊／奶油炒菠菜／鹽奶油馬鈴薯／起司蛋花湯／檸檬煮地瓜蘋果

雞塊

汆燙備用的綠花椰菜

作法在下一頁

檸檬煮地瓜蘋果

Bon Appétit!

YUM

flower

紫米飯
加入了五穀雜糧的飯和西餐很對味。

奶油炒菠菜

起司蛋花湯

鹽奶油馬鈴薯

Blog Comment	@yayo	這種雞塊也好好吃！ 5歲的兒子還沒開動以前就興奮地問我還有沒有？小朋友肯定喜歡得不得了。

雞塊

■ **材料（2人份）**

雞腿肉　1片（約250g）
蒜頭　1/2 瓣
A ⌈ 鹽 1/4 小匙／砂糖 1 小撮
　 ⌊ 酒 1/2 大匙
B ⌈ 水、味醂、番茄醬、
　 | 中濃醬汁各 1 大匙
　 ⌊ 咖哩粉　少許
低筋麵粉、黑胡椒　各適量
沙拉油　1～2 小匙

■ **作法**

1. 劃開雞肉比較厚的部分，切成兩半，加入 A，用手揉捏入味，靜置 10 分鐘。蒜頭去芯，切成薄片。
2. 把沙拉油和蒜頭放入平底鍋裡爆香，炒到蒜頭變成金黃色後，取出備用。
3. 以廚房專用紙巾輕輕地擦乾雞肉多餘的水，拍上低筋麵粉。雞皮朝下，放入 2 的平底鍋加熱，煎成金黃色後翻面，火轉小一點，蓋上鍋蓋燜 3～5 分鐘。待雞肉熟透後，打開鍋蓋，讓水分揮發，拭去多餘的油，加入 B，整個攪拌均勻，再稍微煮一下。
4. 盛盤，放上 2 的蒜片，撒些黑胡椒。

起司蛋花湯

■ **材料（2人份）**

蛋　2顆
起司粉　2 大匙
法式清湯粉　2 大匙
鹽、黑胡椒、切碎的荷蘭芹
各適量

■ **作法**

1. 蛋仔細打散，與起司粉拌勻。
2. 把 2 杯水和法式清湯粉倒進鍋子裡，開火，沸騰後轉成比較小的中火，用長筷子在鍋子裡以繞圈的方式攪拌，一點一點地加入步驟 1，邊嘗味道，如有必要再以鹽巴調味，撒上黑胡椒，盛入碗中，撒上荷蘭芹。

POINT
已經用法式清湯粉和起司調味，如有必要再以鹽巴調味。邊用筷子攪拌，邊一點一點地加入蛋汁，就能做成風味溫和的蛋花湯。

檸檬煮地瓜蘋果

■ **材料**（2人份）

地瓜　1/2 條
蘋果　1/4 顆
檸檬汁　1 小匙
砂糖　1～2 大匙
奶油（有鹽）　5g

■ **作法**

1. 地瓜和蘋果連皮洗淨，切成小丁，地瓜泡水備用。
2. 把瀝乾水分的地瓜和蘋果放進鍋子裡，加入剛好蓋過的水、砂糖、檸檬汁。蓋上鍋蓋，開火，煮滾後轉小火，再煮 5～10 分鐘。煮到地瓜熟透，再加入奶油，關火。

POINT

地瓜和蘋果連皮一起用能讓顏色更漂亮，也可以多煮一點，做起來放。放進冰箱可以保存 5天左右。

奶油炒菠菜

■ **作法**（2人份）

1. 用鹽水汆燙菠菜（1/2 把）再沖冷水，徹底擰乾水分，切成便於食用的大小，淋上沾麵醬（濃縮型）或醬油（少許）拌勻，再徹底地擰乾一次水分。
2. 預熱平底鍋，加入奶油（5～10g），拌炒 1 的菠菜，以鹽、胡椒（各適量）調味。

鹽奶油馬鈴薯

■ **作法**（2人份）

1. 馬鈴薯（1 個，約 150g）切成 8～12 等分，放進鍋子，加入剛好蓋過馬鈴薯的水，開火。蓋上鍋蓋，煮滾後轉小火，再煮 20 分鐘。
2. 馬鈴薯煮熟後，把水倒掉，蓋回鍋蓋，邊搖晃鍋子邊加熱，稍微收乾水分。
3. 加入奶油（5g）、鹽（少許）、砂糖（1/4小匙），拌勻的時候請小心不要弄碎馬鈴薯。

Dinner Table 16

今天是香辣美乃滋鱈魚佐蝦丸

[只要擺上桌！]　高湯煮蘿蔔／生薑柴魚片香鬆

[晚上做的食物]　香辣美乃滋拌鱈魚／蝦丸／昆布油涼拌油菜花／
　　　　　　　　　蔥末炒海帶芽雞胸肉

昆布油涼拌油菜花

生薑柴魚片香鬆
→ 作法見 p.137

TOPPING

蝦丸

作法在下一頁

YUMMY !

Wow !

蔥末炒海帶芽雞胸肉
利用做起來放的油漬雞胸肉。

高湯煮蘿蔔
→ 作法見 p.132

香辣美乃滋拌鱈魚

Blog Comment　|　@tomoburinn

小孩也要吃，所以不放豆瓣醬，而是多加了一
點番茄醬！白肉魚的味道清淡，老公總是嫌吃
不過癮，這麼一來風味就很濃郁，老公吃得津
津有味，真是太好了！

香辣美乃滋拌鱈魚

■ **材料（2～3 人份）**

鱈魚　3 片（約 200g）
醬油　1 小匙
蛋　1 顆
太白粉　3～4 大匙
A ┌ 美乃滋 3 大匙／煉乳 1 大匙
　└ 檸檬汁 1/2 大匙／豆瓣醬少許
炸油　適量
萵苣、切成薄片的檸檬、辣椒絲
各適量

■ **作法**

1. 每片鱈片都切成 4 等分，仔細擦乾水分，沾上醬油，靜置 10 分鐘。將 A 拌勻，做成醬汁。
2. 把蛋打散在調理碗裡，加入太白粉，攪拌到不再有結塊，能裹上鱈魚的黏度即可。稍微擦乾 1 的鱈魚，裹上蛋汁，用 170 度的熱油下鍋油炸。
3. 瀝乾鱈魚的油，與 A 拌勻。
4. 把萵苣鋪在盤子裡，放上 3，再放上檸檬、辣椒絲。

POINT
如果要做給小朋友吃，最好減少豆瓣醬的量，進行微調。

蝦丸

■ **材料（2 人份）**

蝦仁　200g
洋蔥　1/16 個
麵粉　1 大匙
鹽　少許
炸油　適量
紫蘇　適量

■ **作法**

1. 切碎洋蔥。用菜刀拍碎蝦仁，直到出現黏性。
2. 把 1、麵粉、鹽加到調理碗中攪拌均勻。如果麵糊還太鬆散，再加入少許的麵粉（份量另計）。
3. 用湯匙舀起 2，揉成圓形，以攝氏 170 度的熱油下鍋油炸，放在鋪有紫蘇的盤子裡。

蔥末炒海帶芽雞胸肉

■ **材料（2人份）**

海帶芽（生） 50g

油漬雞胸肉（→ 作法見 p.138） 1片

蔥末 1/4 根

薑末 1 瓣

麻油 1 小匙

油漬雞胸肉的湯汁 2 ～ 3 小匙

炒過的白芝麻 1/2 小匙

鹽 適量

■ **作法**

1. 海帶芽切成便於食用的大小，用手撕開雞胸肉。
2. 預熱平底鍋，倒入麻油，爆香蔥末和薑末，炒軟後再加入海帶芽，繼續拌炒。
3. 加入油漬雞胸肉的湯汁，邊炒邊收乾水分，再加入雞胸肉和芝麻繼續拌炒。嘗嘗味道，如有需要再用鹽調味。

Dinner Table 17

用豬五花高麗菜捲來犒賞自己一下

[只要擺上桌！]　麵包

[做起來放也 ok]　豬五花高麗菜捲／地瓜濃湯／蘆筍雞胸肉蜂蜜芥末沙拉

Recipe
地瓜濃湯（2人份）

1. 地瓜（130～150g）去皮，切成圓片，泡水。洋蔥（1/16 個）切成薄片。
2. 把水（100ml）、瀝乾水分的地瓜、洋蔥放進鍋子裡，開火，用小火煮 15～20分鐘。關火，加入奶油（5g）攪散，再加入牛奶（約 1 杯），用攪拌器攪拌到柔滑細緻。再開火加熱，用鹽調味。

Recipe
蘆筍雞胸肉蜂蜜芥末沙拉（2人份）

1. 用削皮刀削去綠蘆筍（2 根）根部的皮，挑掉甜豌豆莢（6 根）的絲。以鹽水汆燙蘆筍和甜豌豆莢，撈起來放涼。蘆筍斜切，甜豌豆莢剝開。用手撕開油漬雞胸肉 🥫（→作法見 p.138）（1 片）。
2. 把美乃滋（1 大匙）、蜂蜜（1/2 小匙）、芥末籽醬（1 小匙）放進調理碗，攪拌均勻，加入 1 拌勻。

Recipe
豬五花高麗菜捲

只要把豬五花肉捲起來就好的簡單高麗菜捲

■ 材料（2～3人份）

薄切豬五花肉　200g（8 片）
高麗菜　8 片
熱狗　4 根
法式清湯粉　1 小匙
鹽、胡椒　各適量
麵包

■ 作法

1. 每片高麗菜都用保鮮膜包起來，用微波爐加熱 7 分鐘，放涼後切除菜梗比較厚的部分。為熱狗斜斜地劃下 3～4 條淺淺的刀痕。
2. 攤開一片高麗菜，豬肉稍微錯開地對折，放在高麗菜中央，撒點鹽（少許）A。把靠自己的內側稍微往內折，再把兩邊折進去，從內側往前捲起來。B
3. 捲好後，開口朝下放進鍋子裡。請使用大小可以剛好塞滿高麗菜捲的鍋子，高麗菜就不容易散開。加水（150ml～1 杯）到剛好蓋過高麗菜捲，加入熱狗、法式清湯粉，蓋上鍋蓋，開火，煮滾後轉小火再煮30～40分鐘。以鹽、胡椒調味。

作者心愛的碗盤

日夜皆很活躍的
基本盤

直徑 15 ～ 18cm 左右的盤子可以用來裝早餐的大盤菜,也能用來盛裝晚餐的主菜。選擇像這種大一點的盤子時,簡單又不失設計感,很有質感的白盤會比較實用。上面的 2 個盤子是陶瓷藝術家飯干祐美子的作品。右下角為「KINTO」,左下方為「SPICE」的作品。

小碟子將成為
餐桌上的亮點

小碟子可以挑戰各種圖案及顏色。因為體積不大,價格也不會太高,可大膽選擇自己想要的圖案或顏色。上排中央與右手邊是多治見燒的陶器公司「BLUT'S」,下排那 2 個是「Madu」的盤子。左上角的藍色花紋居然是以南瓜為主題的作品,為美濃燒「蔬菜模樣」系列之一。

Modern plate

融合了東西洋之美 感覺很時尚的器皿

最近我也很喜歡用日本的陶瓷器來盛裝西餐。比起傳統的日式花紋，我更傾向於選擇也很適合西餐的現代化設計風格。上面那2個盤子是「STUDIO M'」，下面是金子小兵製陶所的「Rinka」系列的盤子。各自都具有溫暖的風味，簡單大方的設計更能突顯出料理的視覺效果。

＼ NEWS ／

設計成熟又可愛的日式餐具！

我想擁有日本料理和西餐都能用的時髦日式餐具，於是和與我這個願望產生共鳴的陶瓷器製造業者則武先生創作出名為「ha*gumi（花實）」的新型態日式餐具。以蔬菜的成長──從種子發芽、開花、結果──為設計主題。已於 2016 年 5 月陸續上市。

洽詢專線：Aito 股份有限公司 http://www.aito.co.jp/

ha*gumi

117

Part 3
—
Cooked in Advance

一年到頭都能做起來放

做起來放的食物是我做飯時的好幫手，
同時也是帶出食材風味的「前置作業」，最適合短時間搞定！
只要利用自己空閒的時候來做，真的能讓時間和心情放鬆。

只要做起來放

再忙碌也想在餐桌上擺滿親手做的料理，這時「做起來放」的食物就幫了大忙。
並非只是偷懶，而是利用時間讓味道更美好。
經由變化創造出新菜單也很快樂。

　　我做起來放的食物有兩種，一種是直接吃就很好吃的常備菜，另一種是事先用
鹽抓一抓蔬菜、為肉或魚醃漬入味的「前置作業」。兩者的調味都很簡單，所以
也很容易做變化。

做起來放的優點是可以配合作息分散做菜的時間。我的習慣是每天煮飯或洗碗盤的時候，如果還有時間就一點一點地順便做起來放。光是一次燙好蔬菜，接下來就很輕鬆。

像這樣……

鹽奶油南瓜（→作法見p.127）充滿了南瓜自然的鮮甜……。

我愛用「WECK」或「野田琺瑯」的保鮮盒，耐熱又耐酸，幾乎不用擔心染色或味道移到容器上，簡單大方的設計也很賞心悅目。

1 直接吃

鬆鬆軟軟的南瓜風味十分樸實，顏色也很漂亮，是很棒的配角。

2 變成湯！

只要和牛奶一起用果汁機打碎再加熱，就能做成濃湯。

做起來放的蔬菜

重點在於食材和調味都盡可能簡單，
就能輕鬆變化，用途很廣。

蜂蜜泡菜

出現在這天的餐桌上 → p.35、p.85
🚪 保存期限：冷藏大約可保存 5 天。

■ **材料**（容易製作的份量）

小黃瓜　1 條
西洋芹（莖）　1 根
黃椒　1/2 個
蕪菁　1/2 個
紅蘿蔔　1/2 根
小番茄　5 ～ 6 顆
A ┌ 水　150ml
　│ 醋　50ml
　│ 蜂蜜　30g
　│ 鹽　1.5 小匙
　└ 黑胡椒（粒）　10 顆

■ **作法**

1. 挑去西洋芹的絲，蕪菁削皮，西洋芹、紅蘿蔔、小黃瓜、黃椒、蕪菁切成小丁，切除小番茄的蒂頭，全部裝進保鮮盒。
2. 將 A 放進小鍋裡，開火，煮滾後關火，趁熱倒進 1 裡，放涼後再蓋上蓋子，放進冰箱，醃漬一晚。

POINT

也可以和自己喜歡的香草一起醃漬。醃漬時把蔬菜切成棒狀會比較方便吃。

ARRANGE

可以加進馬鈴薯沙拉，也可以切碎與美乃滋拌勻做成塔塔醬，還能用蓮藕等根莖類蔬菜（要先燙熟）來做。

紫甘藍沙拉

出現在這天的餐桌上 → p.51
保存期限: 冷藏大約可保存 3天。

■ 材料（4 人份）

紫甘藍　200 ～ 250g
玉米粒　20g
鹽、胡椒　各適量
A ┌ 橄欖油 1.5 大匙
　│ 醋 2 小匙
　│ 砂糖 1/4 小匙
　└ 芥末籽醬 1/2 小匙

■ 作法

1. 紫甘藍去芯，切絲。
2. 把紫甘藍和 1 小撮鹽放進調理碗，抓到紫甘藍變軟，靜置 5 分鐘。
3. 倒掉釋出的水，與 A 拌勻，再加入玉米粒、胡椒，攪拌均勻。

POINT

只要把抓高麗菜時產生的水倒掉即可，不必用力擰乾。玉米粒會隨時間染成紫色，如果不喜歡，可以要吃的時候再加入玉米粒。

ARRANGE

也可以瀝乾水分，夾進三明治來吃。

醃泡烤甜椒

出現在這天的餐桌上→ p.33
🥢 保存期限：冷藏大約可保存 3天。

■ 材料（容易製作的份量）

甜椒（黃、紅） 各1個
A ⎡ 蜂蜜、檸檬汁各1小匙
　 ⎜ 醬油 1/2 小匙
　 ⎣ 橄欖油 1 大匙

■ 作法

1. 用烤魚器或小烤箱把甜椒的表面烤出焦色。
2. 過冷水，剝皮去籽，切成 4 塊。
3. 放進保鮮盒，加入攪拌均勻的 A，使其入味。

POINT

甜椒確實地烤出焦色後，會比較容易剝皮。如果甜椒太大，請先切成兩半，切口朝下放進去烤。

蜂蜜生薑醃小番茄

出現在這天的餐桌上→ p.35
🥢 保存期限：冷藏大約可保存 3天。

■ 材料（容易製作的份量）

小番茄 20 顆
生薑 1 塊
檸檬 1/4 個
蜂蜜 1～2 小匙

■ 作法

1. 在小番茄的頂端淺淺地劃下十字刀痕，迅速地泡一下熱水，泡到表面裂開，改沖冷水，剝皮。
2. 生薑磨成泥，放進調理碗，加入蜂蜜，擠入檸檬汁，再加入小番茄，拌勻。

POINT

甜椒確實地烤出焦色後，會比較容易剝皮。如果甜椒太大，請先切成兩半，切口朝下放進去烤。

翡翠茄子

出現在這天的餐桌上 → p.83

🔒 保存期限：冷藏大約可保存 3 天。

■ 材料（容易製作的份量）

圓茄　5 個

沾麵醬（3 倍濃縮）約 3 大匙

（如果是 2 倍濃縮則約 5 大匙）

■ 作法

1. 圓茄削皮，切成兩半，先泡水，再瀝乾水分，放進耐熱容器，罩上保鮮膜，用微波爐加熱 3～4 分鐘。

2. 沾麵醬與 2 杯水混合拌勻。

3. 趁熱將圓茄放進保鮮盒，注入 2，放涼後再蓋上蓋子，放進冰箱保存。

POINT

重點在於趁熱把沾麵醬倒在茄子上，味道會在冷卻的過程中滲入。要吃的時候再搭配薑泥或其他佐料。

ARRANGE

可以和微波爐蒸雞肉（p.139）做成沙拉，也可以淋上絞肉餡，做成麻婆茄子，就成了一道主菜。也很適合放在麵線上來吃。

💡 還可以這樣吃！

除了茄子，也可以用高湯醃漬汆燙過的秋葵或用熱水剝皮的小番茄。冰得透心涼很適合夏天。

南瓜湯的醬

出現在這天的餐桌上 → p.33

保存期限：冷藏大約可保存 3天、冷凍大約可保存 2～ 3週。

■ 材料（4 人份）

南瓜　淨重 300g

紅蘿蔔　1/4 根（50g）

洋蔥　1/8 個（30g）

奶油　10g

鹽　1/4 小匙

■ 作法

1. 南瓜、紅蘿蔔、洋蔥都切成薄片。

2. 在鍋子裡加入 200ml 的水和 1，用
   小火慢燉 20 ～ 30 分鐘。如果煮著
   煮著快煮乾了，請再加入適量的水。

3. 關火，加入鹽、奶油，用果汁機打
   成泥，裝進保鮮盒保存。

POINT

用果汁機打成泥之後再過篩可以做得更柔軟細緻。
不加牛奶可以保存得久一點，也可以冷凍保存。

ARRANGE

只要加入牛奶（200～ 300ml）加熱，南瓜濃湯就大
功告成了。也可以加入熱狗或玉米粒、燙熟的蔬菜，
做得料多味美。

> ♨ 還可以這樣吃！
>
> 可以把上述材料裡的南瓜和紅蘿
> 蔔換成紅蘿蔔（100g）和馬鈴薯
> （50g）（如圖），也可以換成地瓜
> （150g），做出千變萬化的「湯料」。

鹽奶油南瓜

出現在這天的餐桌上 → p.51、p.83
保存期限：冷藏大約可保存 3天、
　　　　　冷凍大約可保存 2～3週。

■ **材料（容易製作的份量）**

南瓜　300g（1/4 個）
砂糖　2～3 小匙
鹽　少許
奶油　10g

■ **作法**

1. 南瓜切成一口大小，削圓尖角。
2. 放進鍋子裡，加水到剛好蓋過南瓜，開火，煮滾後加入砂糖，稍微移動一下，蓋上鍋蓋，以中火煮到水分幾乎收乾。
3. 加入鹽和奶油，別太大力地整個攪拌均勻。

ARRANGE

稍微搗碎可以當成沙拉或可樂餅的餡料，和牛奶一起用果汁機打成泥可以做成湯（p.51）。還可與香草冰淇淋混合成南瓜冰淇淋。

金平南瓜

出現在這天的餐桌上 → p.91
保存期限：冷藏大約可保存 3天。

■ **材料（容易製作的份量）**

南瓜　淨重約 150g
砂糖、炒過的白芝麻　各 1/2 小匙
醬油、沙拉油　各 1 小匙

■ **作法**

1. 南瓜切成薄片，再連皮切絲。
2. 預熱平底鍋，加入沙拉油，拌炒南瓜。炒到所有的南瓜都吃到油以後，蓋上鍋蓋，轉小火，燜煮 3～5 分鐘。
3. 待南瓜煮熟，再加入砂糖和醬油，邊收乾水分，炒到呈現金黃色，撒上芝麻。

ARRANGE

可以做成金平沙拉（p.77），也可以加到鹹派或蒸麵包裡當餡料。

鹽抓紅蘿蔔

出現在這天的餐桌上 → p.69、p.81
保存期限：冷藏大約可保存 3 天。

■ 材料（容易製作的份量）

紅蘿蔔　1 根（200g）
鹽　1/4 小匙

■ 作法

紅蘿蔔用刨絲器刨成細絲，放進調
理碗，加鹽抓一抓。

ARRANGE

可以做成沙拉或涼拌菜，也可以和其他食材一起炒
或煮，用途琳琅滿目。

還可以這樣吃！

鹽抓紅蘿蔔和油漬半風乾番茄
（p.136）和醋、鹽、胡椒攪拌均
勻，做成紅蘿蔔絲沙拉。

金平牛蒡紅蘿蔔絲

出現在這天的餐桌上 → p.77

保存期限：冷藏大約可保存 3 天。

■ **材料（容易製作的份量）**

牛蒡　100g
紅蘿蔔　1/4 根（50g）
切成小丁的辣椒　少許
醬油、味醂　各 2 小匙
炒過的白芝麻　1/2 小匙
砂糖　略多於 1/2 小匙
沙拉油　1 大匙

■ **作法**

1. 用菜刀的刀背刮除牛蒡皮，斜切成薄片，再切絲，泡水。紅蘿蔔也同樣切絲。
2. 平底鍋預熱，倒入沙拉油，爆香辣椒和瀝乾水分的 1。再加入味醂、醬油、砂糖、1 大匙水和芝麻，炒到水分收乾。

ARRANGE

可以加到煎蛋裡、用肉捲起來煎、做成主菜，也可以與白飯拌勻，做成拌飯。

韓式涼拌紅蘿蔔絲

出現在這天的餐桌上 → p.101

保存期限：冷藏大約可保存 4 天。

■ **材料（容易製作的份量）**

紅蘿蔔　1 根
中華高湯粉　1/4 小匙
炒過的白芝麻　1 小匙
鹽　適量
麻油　2 小匙

■ **作法**

1. 紅蘿蔔切成細絲。
2. 平底鍋預熱，倒入麻油，拌炒紅蘿蔔，炒到紅蘿蔔變軟，再加入中華高湯粉，繼續拌炒，加入芝麻拌勻，用鹽調味。

ARRANGE

拌入青菜，就成了色彩鮮艷的配菜。亦可加入油漬雞胸肉（p.138）以增加份量。

韓式涼拌鹽昆布青椒

出現在這天的餐桌上 → p.101
保存期限：冷藏大約可保存3天。

■ **材料（容易製作的份量）**

青椒　2個
鹽昆布　5g
麻油　2小匙
炒過的白芝麻　1/2小匙
鹽　適量

■ **作法**

1. 青椒切除蒂頭、刮掉種籽，切成細絲，徹底地擦乾水分，放進調理碗。
2. 加入鹽昆布、麻油、芝麻，攪拌均勻。嘗嘗味道，如有必要再加一點鹽。

ARRANGE
放在白飯上吃，或者是與烤肉一起吃都非常美味！

韓式涼拌豆芽菜

出現在這天的餐桌上 → p.101
保存期限：冷藏大約可保存3天。

■ **材料（容易製作的份量）**

豆芽菜　1包
中華高湯粉　1/2小匙
鹽　適量
麻油　1大匙
炒過的白芝麻　1小匙

■ **作法**

煮一鍋水，加鹽（少許），汆燙豆芽菜。燙熟後撈起來，確實地瀝乾水分，趁熱加入中華高湯粉拌勻。再加入麻油、芝麻，攪拌均勻，用鹽調味。

ARRANGE
可與油漬雞胸肉（p.138）拌勻來吃，或加到韓式涼拌紅蘿蔔絲（p.129）裡，讓餐桌色香味俱全。

黃芥末蓮藕火腿

出現在這天的餐桌上 → p.103

保存期限：冷藏大約可保存3天。

■ 材料（容易製作的份量）

蓮藕　200g

火腿　3片

洋蔥　1/8個

A｜橄欖油　2～3大匙

　｜醋、芥末籽醬　各2小匙

　｜鹽、胡椒　各少許

　｜切碎的荷蘭芹　適量

POINT

蓮藕煮熟後，趁熱與調味料拌勻，就能讓味道確實地吃進去。

ARRANGE

也可以把蓮藕換成烤過的蕪菁或煮熟的根莖類蔬菜來做。

■ 作法

1. 蓮藕切成扇形薄片，泡水，再把水分瀝乾。洋蔥切碎，泡水，再把水分瀝乾。火腿切成小丁。

2. 煮一鍋水，加入鹽、醋各少許（份量另計），稍微汆燙一下蓮藕，用濾杓撈起來，瀝乾水分，以廚房專用紙巾擦乾。

3. 放進調理碗，加入洋蔥、火腿、A拌勻，撒上荷蘭芹。

還可以這樣吃！

用鹽水汆燙過的蓮藕很容易做出變化。右圖為汆燙好的蓮藕和甜豌豆莢、油漬雞胸肉（p.138）淋上芝麻醬的沙拉。

高湯煮蘿蔔

出現在這天的餐桌上 p.111
保存期限：冷藏大約可保存 3天。

■ **材料（容易製作的份量）**

蘿蔔　1根
高湯　500ml
鹽　約1小匙

■ **作法**

1. 蘿蔔切成厚一點的圓片，削圓尖角，在其中一面的中央劃上十字刀痕。
2. 把蘿蔔和高湯放進鍋子裡，煮滾後轉小火，繼續煮30分鐘。
3. 加鹽，關火，蓋上鍋蓋，放涼再裝進保鮮盒。

POINT

高湯的量請視情況調整到剛好蓋過蘿蔔，放涼後會更入味。

ARRANGE

也可以換成自己喜歡的醬汁，做成燉蘿蔔。燒到水分收乾就成了蘿蔔排。

鱈魚子拌百合根

出現在這天的餐桌上 → p.61
保存期限：冷藏大約可保存 3天。

■ **材料（4人份）**

百合根　1個
鱈魚子　1/4條（約20g）
美乃滋　1/2小匙
鹽　少許

■ **作法**

1. 洗去百合根的屑屑，從根部插入菜刀，一片一片地剝除外側的鱗片，用菜刀削掉礙眼的污垢或斑點（咖啡色的部分），洗乾淨。
2. 煮一鍋水，加鹽，再加入百合根煮2～3分鐘，邊煮邊觀察，煮到百合根變軟，撈起來，瀝乾水分。
3. 撕去鱈魚子的薄膜，放入調理碗，和美乃滋攪拌均勻，再加入2拌勻，裝進保鮮盒保存。

ARRANGE

可以配飯，也可以當下酒菜，還能放進過年的年菜裡，為年菜增添色彩。

黃芥末醃漬烤香菇

出現在這天的餐桌上 → p.51、p.57
🔒 保存期限：冷藏大約可保存 3天。

■ **材料（容易製作的份量）**

愛吃的菇 約 400g ／橄欖油 2 大匙／A（芥末籽醬 2 小匙、蜂蜜和醬油各 1 小匙、鹽 1/4 小匙）

■ **作法**

1. 切除香菇的蒂頭，切成便於食用的大小，並排在錫箔紙或耐熱容器裡，均勻地淋上橄欖油。
2. 用小烤箱烤 15 分鐘，烤到呈現焦色即可。
3. 連同烤香菇的湯汁倒進調理碗，加入 A，攪拌均勻。再依個人口味撒些切碎的荷蘭芹、粉紅胡椒。

ARRANGE

可以做成沙拉或涼拌菜、義大利麵、醬料的餡等等。

▼ 還可以這樣吃！

在拌入調味料前，光是烤好的香菇就已經好吃到令人食指大動了。只要和溫泉蛋一起放在飯上，再淋點醬油，就成了香菇蓋飯。

淺漬爽口泡菜

出現在這天的餐桌上 → p.75
🔒 保存期限：冷藏大約可保存 3天。

■ **材料（容易製作的份量）**

高麗菜　1/4 個（150g）

紅、白蘿蔔　各 50g

小黃瓜　1 條

蘘荷　2 個

鹽　1/4 小匙

■ **作法**

1. 高麗菜切成一口大小，蘿蔔切成扇形，紅蘿蔔和小黃瓜切成圓片，蘘荷斜斜地切成薄片。
2. 把 1 倒進調理碗，加鹽，稍微抓一下，抓到 1 的食材變軟，再裝入保鮮盒，放進冰箱冰一段時間，使其入味。

ARRANGE

瀝乾水分，與橄欖油、檸檬汁、胡椒一起攪拌，做成沙拉。

自製滑菇

出現在這天的餐桌上 → p.75
保存期限：冷藏大約可保存5天。

■ 材料（容易製作的份量）

金針菇　1包（100g）

A ┌ 沾麵醬（濃縮型）醬油、
　　味醂各1小匙
　└ 醋1小匙

■ 作法

1. 切除金針菇的蒂頭，切成1cm。
2. 把1和A放進調理碗，開火。煮滾後轉小火～中火，煮到湯汁變少，變得濃稠。放涼後裝進保鮮盒。

ARRANGE

不只可以放在白飯上吃，也可以做成起司蛋捲的餡料，或加入義大利麵或麵線的醬汁。也很建議加入梅肉或辣油，讓味道多點變化。

醬油漬脆梅

出現在這天的餐桌上　p.23
保存期限：冷藏大約可保存半年。

■ **材料（依喜好）**

青梅（小顆）　適量
醬油　適量

■ **作法**

1. 用竹籤剔除青梅的蒂頭，泡水 2 ～ 3 小時，以去除澀味。
2. 瀝乾水分，用布仔細地擦乾水分，鋪在篩子上，靜置一會兒，等到青梅變乾就行了。
3. 裝進保鮮盒，注入醬油到剛好淹過青梅。

POINT

只要注入醬油即可，超級簡單。裝進煮沸消毒的保鮮盒裡可以保存得更久一點。

ARRANGE

很適合配飯吃。醃青梅的湯汁還可以淋在涼拌豆腐或生魚片、麵線上，用途多多。

醬油漬西洋芹

出現在這天的餐桌上→ p.27、p.49
保存期限：冷藏大約可保存 5 天。

■ **材料（容易製作的份量）**

西洋芹　1 根
柴魚片　2g
醬油　1 大匙
麻油　2 小匙

■ **作法**

1. 挑掉西洋芹的絲，莖切成小丁，葉子切碎。
2. 西洋芹、柴魚片、醬油、麻油，依個人口味還可以加點辣油攪拌均勻。靜置 15 分鐘，放到出水就能裝進保鮮盒。

ARRANGE

可以拌入納豆，也可以做成涼拌豆腐、麵線、拉麵之類的配料，或和肉一起吃。建議用辣油帶出辣度，也可以要吃的時候再加辣油。

油漬半風乾番茄

出現在這天的餐桌上 → p.27、p.37、p.44、p.85

■ 保存期限：冷藏大約可保存 1 週。

■ **材料（容易製作的份量）**

小番茄　10 ～ 15 顆
鹽　少許
橄欖油　適量

■ **作法**

1. 小番茄對半切開，切口朝上，排在鋪有烘焙紙的烤盤，以廚房專用紙巾稍微擦掉一點水分。
2. 撒鹽，用預熱至 100 ～ 110 度的烤箱烤 1 小時後，從烤箱裡拿出來，靜置一晚，讓番茄自然風乾。
3. 裝進保鮮盒裡，注入橄欖油到淹過小番茄。

ARRANGE

濃縮的美味十分迷人，可以和奶油醬油一起拌炒海鮮或肉，也可以和蒜頭一起炒，做成番茄醬汁，用途廣泛。與日本料理也很對味，和柴魚片、醬油一起拌進飯裡也很好吃。

油漬紫蘇

出現在這天的餐桌上 → p.27、p.51、p.73、p.83、p.93

■ 保存期限：冷藏大約可保存 2 週。

■ **材料（容易製作的份量）**

紫蘇　20 片
蒜頭　1/2 瓣
橄欖油　1/4 杯
鹽　1/2 小匙

■ **作法**

把所有的材料丟進食物處理機打成柔滑細緻的泥狀。

ARRANGE

如青醬般的風味，可以淋在沙拉或燙青菜、麵包上來吃，也可以當成義大利麵或比薩醬來用。是與蔬菜或肉、魚都很對味的萬能醬料。不妨試試加一點到沾麵醬裡。

生薑糖漿

出現在這天的餐桌上 → p.29、p.33
🏠 保存期限：冷藏大約可保存 2 週。

■ **材料（容易製作的份量）**

生薑　100g／砂糖　100g
日本柚子（或檸檬）汁　1 小匙

■ **作法**

1. 生薑切薄片。
2. 把生薑、砂糖、150ml 水倒進鍋子裡，開
   火，蓋上鍋蓋，煮滾後轉小火再煮 10 ～ 15
   分鐘。
3. 關火，加入日本柚子（或檸檬）汁，裝進
   保鮮盒。

生薑味噌

出現在這天的餐桌上 → p.49、p.53
🏠 保存期限：冷藏大約可保存 2 週。

■ **材料（容易製作的份量）**

上述「生薑糖漿」剩下的生薑　適量
味噌　與生薑同量

■ **作法**

生薑切碎，與味噌拌勻，裝進保鮮盒保存。

ARRANGE

可以配飯吃，也可以和切成棒狀的紅蘿蔔或小黃
瓜等蔬菜攪拌均勻，放進保鮮盒醃漬半天，做成
味噌醬菜。用來醃漬烤肉或蔬菜也很美味。

生薑柴魚片香鬆

出現在這天的餐桌上 → p.53、p.111
🏠 保存期限：冷藏大約可保存 1 週。

■ **材料（容易製作的份量）**

生薑　50g
柴魚片、炒過的白芝麻　5g
砂糖、味醂、醬油、水　各 1 大匙

■ **作法**

1. 生薑切碎。
2. 把所有的材料丟進鍋子裡，煮到湯汁幾乎
   收乾為止。

ARRANGE

放在白飯上固然好吃，也能做成蒸蔬菜的沙拉醬。

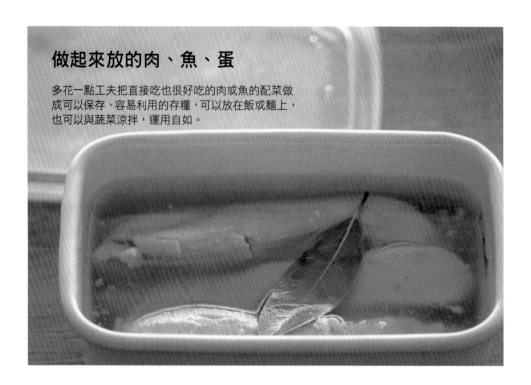

做起來放的肉、魚、蛋

多花一點工夫把直接吃也很好吃的肉或魚的配菜做成可以保存、容易利用的存糧，可以放在飯或麵上，也可以與蔬菜涼拌，運用自如。

油漬雞胸肉

出現在這天的餐桌上 → p.23、p.113、p.115
保存期限：冷藏大約可保存3天、冷凍大約可保存5天。

■ 材料（容易製作的份量）

雞胸肉　3～4片（約250g）
A［鹽1小匙／砂糖1/2小匙
法式清湯粉　1/2小匙
沙拉油　50ml
月桂葉　1片

POINT

放入鍋中時，若雞胸肉冒出頭來，請補足沙拉油，好讓雞胸肉隨時淹沒在醬汁裡。

ARRANGE

可以做成三明治或義大利麵醬的料，或做成沙拉、涼拌菜、炒菜等等，用途超廣。醃漬的醬汁也很美味，可以用來調味。

■ 作法

1. 將 A 揉進雞胸肉表面，靜置10分鐘，拭去多餘的水分。
2. 把1的雞胸肉和100ml水、法式清湯粉、沙拉油、月桂葉放進鍋子裡，開火。煮滾後撈除渣滓，為雞胸肉翻面。
3. 煮到雞胸肉表面整個變白後（裡面還是生的也沒關係），蓋上鍋蓋，關火，直接放涼，利用餘溫讓裡頭熟透。冷卻後再裝進保鮮盒。

💡 還可以這樣吃！

做成熱騰騰的麵線配料。也可以加在醬油漬西洋芹（p.135）上來吃。

微波爐蒸雞肉

出現在這天的餐桌上 → p.53
■ 保存期限：冷藏大約可保存 3 天。

■ **材料（依喜好）**

雞腿肉　1 片（250g ～ 300g）
鹽、砂糖　各 1/2 小匙
酒　1 大匙

■ **作法**

1. 將鹽、砂糖揉進雞肉裡，靜置 5 分鐘。
2. 放入耐熱容器，鬆鬆地罩上保鮮膜，用微波爐加熱 2 分 30 秒，翻面，繼續加熱 1 分鐘。放涼，連同湯汁一起裝進保鮮盒。

POINT

事先用砂糖醃漬入味，最後再利用餘溫讓雞肉熟透，就能做得軟嫩多汁。

ARRANGE

除了淋上喜歡的醬汁外，也能加到炒菜或炒飯裡，還能放在麵上來吃。

剝散的烤鮭魚

出現在這天的餐桌上 → p.23
■ 保存期限：冷藏大約可保存 5 天。

■ **材料（容易製作的份量）**

鹽漬鮭魚　適量

■ **作法**

挑用烤魚器或烤網將鹽漬鮭魚的兩面烤熟，用筷子撥散，放涼後再裝入保鮮盒。

POINT

不妨趁著烤鮭魚時多烤一點，就能反覆使用，非常方便。也能做成檸檬烤鮭魚（p.85）。

ARRANGE

最基本的飯糰餡料。可以和青菜或滷羊栖菜一起放在白飯上，也可以加到義大利麵醬汁或奶油濃湯裡。

醬油漬蛋黃

出現在這天的餐桌上 → p.53
保存期限：冷藏大約可保存 3 天。

■ 材料（依喜好）

蛋黃　適量
醬油或濃縮沾麵醬　適量

■ 作法

分別將蛋黃放在布丁杯等比較小的容器裡，注入醬油或沾麵醬到蓋過蛋黃，連同容器裝進保鮮盒，放入冰箱靜置 1 晚～ 1 整天，蛋黃會隨時間凝固。

ARRANGE

除了白飯或稀飯，也能放在燙青菜上。只要和生魚片一起放在白飯上，海鮮蓋飯就大功告成了。放在涼拌豆腐上就成了一道下酒菜。

滷豆皮

出現在這天的餐桌上 → p.49
保存期限：冷藏大約可保存 3 天。
冷凍庫 2 ～ 3 週間。

■ 材料（容易製作的份量）

豆皮　5 片
A [砂糖、味醂／醬油各 3 大匙
水　1 杯

■ 作法

1. 豆皮切成兩半，再從中間撕開，淋上熱水去油，徹底地擰乾水分。
2. 把 A 放進鍋子裡，開火，煮到沸騰後再加入豆皮，以小火煮 5 分鐘。

ARRANGE

可以放在烏龍麵上，也可以做成蛋包放在白飯上。稍微擰乾湯汁，塞入壽司飯，就成了個頭迷你的豆皮壽司。還能加入起司和麻糬下去烤。

佃煮海苔

出現在這天的餐桌上 → p.79
🥘 保存期限：冷藏大約可保存 5 天。

做起來放的海藻

如果海苔或乾貨還有剩，不知該怎麼處理的話，
不妨做起來放。

■ 材料（容易製作的份量）

烤海苔　3 片／A（水 75 ～ 100ml，醬油、味醂
各 2 大匙，砂糖 2 小匙）

■ 作法

1. 海苔撕碎，放進鍋子裡，加入 A，靜置 10
   分鐘，讓海苔入味。
2. 開小火，用木杓從鍋底攪拌，把海苔撥
   鬆，煮到水分幾乎收乾為止。

POINT

也可以用已經受潮變軟的海苔來做。

■ 材料（容易製作的份量）

羊栖菜（水煮）80g ／黃豆（水煮）50g ／鮪魚
罐頭 1 罐／紫色洋蔥（小）1/2 個／小黃瓜 1 條
／水菜 30 ～ 40g ／鹽 少許／炒過的白芝麻 1
大匙／柴魚片 3g ／A〔橙醋、沾麵醬（3 倍濃
縮）、麻油 各 1 大匙〕

■ 作法

1. 紫色洋蔥垂直切成兩半，與纖維垂直地切
   成薄片，泡水，瀝乾水分。小黃瓜切絲，用
   鹽抓一抓，靜置 5 分鐘，再瀝乾水分。水
   菜切成 2 ～ 3cm。
2. 把羊栖菜、黃豆、1、稍微瀝乾湯汁的鮪魚、
   芝麻、柴魚片放進調理碗，與 A 拌勻，裝
   進保鮮盒。

POINT

罐頭鮪魚的湯汁也是調味料，所以不要把水分完
全瀝乾。建議選擇油漬的產品。

羊栖菜和黃豆的沙拉

出現在這天的餐桌上 → p.91
🥘 保存期限：冷藏大約可保存 3 天。

奶油霜

出現在這天的餐桌上 → p.63、p.103
🥄 保存期限：冷藏大約可保存 5 天、
　　　　　　冷凍大約可保存 2～3 週。

做起來放的抹醬或甜點

與麵包、優格一起上桌，就成了豐盛的早餐！
請隨興地抹來吃。

■ **材料**（依喜好）

鮮奶油　100ml
奶油（無添加食鹽）100g ／鹽 1/2 小匙

■ **作法**

1. 鮮奶油放進調理碗中，打到五分發。
2. 奶油在室溫下融化，與鹽一起放進另一個
   調理碗，用打蛋器仔細地打到柔滑細緻。
3. 把 1/3 的 1 加到 2 裡，輕輕攪拌，分 2 次
   加入剩下的鮮奶油，每次加入都要稍微攪
   拌一下。

POINT

最後如果攪拌過頭會出水，請特別注意。

■ **材料**（容易製作的份量）

巧克力　50g
鮮奶油　3 大匙
奶油（無添加食鹽）　5g

■ **作法**

1. 巧克力剁碎。
2. 把所有的材料放進耐熱調理碗，用微波爐加
   熱約 40 秒，邊攪拌邊利用餘溫讓巧克力融
   化。要是無法完全融解，可以再加熱，再攪
   拌，攪到柔滑細緻為止，裝入保鮮盒，放涼。

POINT

小心不要微波太久，邊攪拌邊利用餘溫讓巧克力
融化。放進冰箱會變成抹醬狀，萬一太硬再放在
室溫下回溫。

ARRANGE

塗在麵包或鬆餅、法式土司上，或做成三明治。
再加熱會變成液態，也可以溶進熱牛奶來喝。

簡單的巧克力醬

出現在這天的餐桌上 → p.15
🥄 保存期限：冷藏大約可保存 1 週。

起司醬

出現在這天的餐桌上 → p.19、p.37、p.47

出現在這天的餐桌上 → p.19、p.37、p.47

保存期限：冷藏大約可保存 3 天。

■ **材料**（容易製作的份量）

奶油起司　50g
鮮奶油　50g
細白糖　15g

■ **作法**

1. 把鮮奶油和細白糖加入調理碗中，打到七分發。
2. 把放在室溫下融化的奶油起司放進另一個調理碗，用打蛋器攪拌到柔滑細緻。
3. 把一半的 1 加到 2 裡，攪拌均勻後再加入剩下的 1 拌勻，裝進保鮮盒保存。

ARRANGE

風味清淡爽口的奶油可以塗麵包，也可以加到蛋糕上。與切成小片的海綿蛋糕或水果層層疊疊就成了查佛鬆糕。

帶顆粒的草莓醬

出現在這天的餐桌上 → p.15

出現在這天的餐桌上 → p.15

保存期限：冷藏大約可保存 1 週

■ **材料**（容易製作的份量）

草莓（小顆）　200g
砂糖　約 50g
檸檬汁　1/4 個份

■ **作法**

1. 草莓洗乾淨，切除蒂頭。
2. 把所有的材料放進耐熱容器，用微波爐加熱 40 秒～ 1 分鐘，加熱到出水沸騰，整個充分攪拌均勻。再放回微波爐加熱 30 秒，使其自然冷卻。

POINT

只要加熱到砂糖全部融解出水即可。很容易噴出來，所以請選用深一點的容器。

ARRANGE

可以和燕麥棒或奶油堆成聖代，也可以用水蜜桃或無花果代替草莓來做。無花果沒那麼酸，所以檸檬汁的份量要加倍。

蜂蜜堅果

出現在這天的餐桌上 → p.51
保存期限：冷藏大約可保存 2 週。

■ **材料**（依喜好）

綜合堅果（無添加食鹽）　適量
蜂蜜　適量

■ **作法**

將綜合堅果放進保鮮盒，注入蜂蜜，直到蓋過綜合堅果。靜置 1 週，使堅果充分入味。

ARRANGE

可以淋在燕麥棒、優格、土司或法式土司上來吃，也可以當禮物送人。

杏仁糖

出現在這天的餐桌上 → p.39
保存期限：冷藏大約可保存 1 週。

■ **材料**（容易製作的份量）

麵包粉（乾燥）　2 大匙
杏仁片　2 大匙
奶油　5g
砂糖　1 小匙

■ **作法**

1. 平底鍋預熱，加入奶油，再加入麵包粉和杏仁片拌炒。
2. 炒到所有的杏仁片都沾到奶油後，再撒上砂糖，炒到變成金黃色，鋪在烘焙紙上放涼。

ARRANGE

香氣迷人且口感酥脆，是沙拉或湯、冰淇淋的配料。

味噌核桃

出現在這天的餐桌上 → p.85
保存期限：冷藏大約可保存 2 週。

■ **材料**（容易製作的份量）

核桃 30g ／味噌 30g ／砂糖 10 ～ 15g

■ **作法**

1. 用平底鍋乾炒核桃。
2. 把核桃放進厚一點的塑膠袋裡，用擀麵棍等工具敲碎。
3. 將核桃、味噌、砂糖混合拌勻，裝進保鮮盒保存。

ARRANGE

可以放在飯糰或麻糬上來吃，也可以搭配蔬菜棒或涼拌菜。或者是放在蔬菜上，烤得焦香味四溢。

澀皮煮栗子

出現在這天的餐桌上 → p.57
保存期限：冷藏大約可保存 2 週。

■ **材料（容易製作的份量）**

栗子（帶殼）500g ／砂糖 約 150g

■ **作法**

1. 把栗子放進鍋子裡，加水到蓋過栗子，開火。煮滾後轉小火再煮 2 分鐘，從爐火上移開。倒掉水，再加水到過栗子。用菜刀從栗子尾端往頭的方向剝除外殼，小心不要傷到裡面那層澀皮。
2. 在鍋子裡加入蓋過栗子的水和小蘇打粉（1 小匙），開火。沸騰前轉小火，邊撈除渣滓邊煮 20 分鐘。把髒水掉倒，邊沖水邊用竹籤挑掉栗子表面的絨毛和纖維。
3. 再重複一次 2 的步驟。
4. 把栗子和砂糖、剛好蓋過栗子的水倒進鍋子裡，蓋上鍋中蓋，以小火煮 30 分鐘。依個人口味加入蘭姆酒，連同湯汁一起倒進保鮮盒，靜置一晚。

紅茶漬葡萄乾

出現在這天的餐桌上 → p.63
保存期限：冷藏大約可保存 2 週。

■ **材料（容易製作的份量）**

葡萄乾　200 克

紅茶（茶包）　2 包

砂糖　約 1 大匙

■ **作法**

1. 燒 1 杯水，加入紅茶，蓋上杯蓋，燜 3 分鐘。
2. 把葡萄乾和砂糖放進保鮮盒裡，注入 1，整個攪拌均勻。冷卻後蓋上杯蓋，放入冰箱，靜置 1 晚～ 1 整天。

POINT

請依個人口味調整砂糖的量。隨著時間經過，葡萄乾的甜味會移到紅茶裡，還會變得有些濃稠，所以也可以當成糖漿使用。

ARRANGE

可以放在優格或鬆餅、奶油土司上，也可以用來製作點心。

Every Table 成書的歷程

　　早上 4 點起床，處理拍照、整理照片、寫部落格等文書工作。如果那天要烤麵包，就利用空檔讓麵包成形、烘烤。我最喜歡這段能以自己的步調度過的時間。

　　6 點開始梳妝打扮、洗衣服、準備早餐，送女兒出門後，和兒子吃早飯。要工作的日子 8 點出門，先送兒子去托兒所。

　　回到家，還在準備晚餐的時候就 5 點了，得去接剛從才藝班下課的孩子們。晚上 6 點 30 分吃晚餐，洗碗盤，利用空檔揉麵團，做完剩下的家事，洗澡，9 點 30 分上床睡覺。

　　看似兵荒馬亂，但我的食譜其實就是在這種情況下誕生出來。我們家的餐桌上並沒有餐廳等級的豪華大餐，而是即使沒時間也能搞定的「家常菜」。大家不覺得能從這麼家常的食物中感受到美味的生活很值得慶幸嗎？

1. 在廚房度過的時光是很珍貴的時刻，所以這裡也要用花裝飾。
2. 院子裡的香草們。可以直接摘下，拿來做菜，也可以點綴餐桌。
3. 擺上大量事先做起來放的小菜，看起來好豐盛。

做菜、拍下料理的照片是我每天的例行公事。我的攝影技巧完全是外行人，但只是為了拍下自己覺得還不錯的餐點照片做參考，所以會變換距離及角度多拍幾張，拍攝好幾個版本，從中選出最理想的幾張照片。

把這些食譜及照片上傳到食譜網站是我身為料理家的起點。如今，我已經能為食品公司設計食譜、撰寫專欄，也成立自己的烹飪教室。

目前，每天上傳我們家的「家常菜」食譜，投稿到食譜網站「Nadia」是我的主要活動，2015年12月還榮獲「Best of Nadia 獎」。

今後也想繼續與各位分享每天吃也不會膩的家庭料理和我們家的餐桌風景。

4. 因為沒有燈架，攝影的重點在於趁天亮時引用自然光。
5. 使用的是佳能的單眼相機，搭配望遠鏡頭。
6. 我的食譜都上傳到「Nadia」。
   https://oceans-nadia.com/

Every table / 柳川香織著 . -- 二版 . -- 新北市：幸福文化出
版社出版：遠足文化事業股份有限公司發行，2021.11
　　面；　 公分 . --
ISBN 978-626-7046-03-6(平裝)

427.1　　　　　　　　　　　110015922

OHAP4053

Every Table 幸福的日日餐桌 二版

仔細做好一道菜，接下來每天都能「偷懶」了！

作　　者：柳川香織
譯　　者：賴惠鈴
責任編輯：林麗文
封面設計：王氏研創藝術有限公司
內文排版：王氏研創藝術有限公司
印　　務：黃禮賢、李孟儒

總 編 輯：林麗文
副總編輯：梁淑玲、黃佳燕
主　　編：高佩琳
行銷企劃：林彥伶、朱妍靜

社　　長：郭重興
發行人兼出版總監：曾大福
出　　版：幸福文化出版
地　　址：231 新北市新店區民權路 108-1 號 8 樓
網　　址：https://www.facebook.com/
　　　　　happinessbookrep/
電　　話：(02) 2218-1417
傳　　真：(02) 2218-8057

發　　行：遠足文化事業股份有限公司
地　　址：231 新北市新店區民權路 108-2 號 9 樓
電　　話：(02) 2218-1417
傳　　真：(02) 2218-1142
電　　郵：service@bookrep.com.tw
郵撥帳號：19504465
客服電話：0800-221-029
網　　址：www.bookrep.com.tw

法律顧問：華洋法律事務所 蘇文生律師
印　　刷：通南印刷

二版一刷：西元 2021 年 11 月
定　　價：380 元

Printed in Taiwan

Every Table （エブリテーブル）
©Kaori Yanagawa 2016
Originally published in Japan by Shufunotomo Co., Ltd
Translation rights arranged with Shufunotomo Co., Ltd.
Through Keio Cultural Enterprise Co., Ltd.

STAFF

料理・撮影・スタイリング	栁川かおり
料理家マネジメント	葛城嘉紀、菊池 英（OCEAN'S）
ブックデザイン	吉村 亮、眞柄花穂（Yoshi-des.）
イラスト	湯浅 望
取材・編集協力	野田りえ
編集アシスタント	窪田希枝
編集担当	中野桜子（主婦の友社）

協力　マルハニチロ株式会社
　　　マリンフード株式会社
　　　ヤマキ株式会社

讀者回函卡

感謝您購買本公司出版的書籍，您的建議就是幸福文化前進的原動力。請撥冗填寫此卡，我們將不定期提供您最新的出版訊息與優惠活動。您的支持與鼓勵，將使我們更加努力製作出更好的作品。

讀者資料

●姓名：_____　●性別：□男　□女　●出生年月日：民國___年___月___日

●E-mail：_____

●地址：□□□□□ _____

●電話：_____　手機：_____　傳真：_____

●職業：□學生　　　　□生產、製造　　□金融、商業　　□傳播、廣告
　　　　□軍人、公務　□教育、文化　　□旅遊、運輸　　□醫療、保健
　　　　□仲介、服務　□自由、家管　　□其他

購書資料

1. 您如何購買本書？□一般書店（　　　縣市　　　　書店）
　　　　　　　　　　□網路書店（　　　　　書店）　□量販店　□郵購　□其他

2. 您從何處知道本書？□一般書店　□網路書店（　　　　　書店）　□量販店　□報紙
　　　　　　　　　　□廣播　□電視　□朋友推薦　□其他

3. 您購買本書的原因？□喜歡作者　□對內容感興趣　□工作需要　□其他

4. 您對本書的評價：（請填代號 1. 非常滿意 2. 滿意 3. 尚可 4. 待改進）
　　　　　　　　　□定價　□內容　□版面編排　□印刷　□整體評價

5. 您的閱讀習慣：□生活風格　□休閒旅遊　□健康醫療　□美容造型　□兩性
　　　　　　　　□文史哲　□藝術　□百科　□圖鑑　□其他

6. 您是否願意加入幸福文化 Facebook：□是　□否

7. 您最喜歡作者在本書中的哪一個單元：_____

8. 您對本書或本公司的建議：_____

_____

_____

_____

_____